探險家在臺灣

探險家在台灣前言／劉克襄

什麼是探險？又如何界定一個探險家？需要何種能力才是探險？還有，更深層的探討，爲何探險遠重要於現有的過去？

我的定義如下：所謂探險，簡單的說，便是尋求與研究未知的事物；用無數種不同的方法去發掘新的資訊，並且爲了無數不同的目的。對一個眞正的探險家而言，有時他的意圖或者獲得代價的過程，也遠比目的的達成還重要。探險也是社會的縮影；它變成挑戰，鼓勵人去尋求超越自己，去獲得刺激活力，同時開拓其他局面生命的認知。對我們身處的時代，冒險的精神更有其他理由必須被珍愛。它教人堅忍，以智力克服絕望，教人順應各種變遷的困難。它拒絕太多「平凡」的、「安全」的顧慮。探險家的方法也象徵著，我們的社會陷入困境時，需要的是一種頭腦清楚與身體健康的美質。

以上這些，其實，我們都不陌生；我們的祖先也曾是探險家；我們只是忘記了，未曾去省思，也沒有人提醒我們。廣義說，不管何時來到這個島上的人，我們的身上都留存著探險家的血液。一九八八年，對我們而言，可能比過去八十年裡任何時候更來得重要而特殊，解嚴、報禁開放、大陸探親……，這些枷鎖脫開後的世界，都像一座座橫亙在眼前的蠻荒，新的蠻荒。我們——探險家的後裔——正要再度前往。這時我們也更需要過去的殷鑑，做爲迎接未來的經驗，這是我們在自立早報創刊便製作這個專輯的主因，我們也特別選擇一些「默默無名」的外國探險家，從「全知」的角度出發，敍述他們在台灣的探查與冒險。

從歷史的探險誌來看，鴉片戰爭（一八四〇）以後，台灣史上最重要的一年是一八五八年；這是在台灣的外國探險家黃金時代的開始。

那一年六月，英國在香港的海軍提督西摩（M. Seymour）派遣一艘戰船從廈門出發，悄悄抵達南台灣安平港，準備大規模的環島旅行，尋找二位失踪的外國人，傳聞他們被原住民綁架。這艘充滿政治性，又具有歷史意義的戰船叫「不屈」號（Inflexible），船上除了載滿荷槍的水兵外，還有幾位非軍職的自然科學家。其中一位便是開啓台灣自然科學大門的史溫侯（Robert Swinhoe）。

三年後，史溫侯隨即調升副領事，前往台灣（一八六一），成爲外國人在台灣第一位最高階級的外交官，開始旅行南北二地，廣泛的做自然蒐集與探查。不過，史溫侯卻如彗星般，自他離台之後（一八六六），二十年間，台灣的博物學進展有限，找不出足以替代的人物。

這一二十年，變成歐美各國宣教士的探險年代。馬偕、李庥、甘爲霖、巴克禮、馬雅各等傳教士分別從英國、加拿大前來，以宗教信仰的熱情，將一生投入，分別在全島各地展開艱苦危險、跋山、涉水的傳教、醫療生涯，並記錄下自己的見聞，立書傳世，豐富了早期台灣史的文化典藏。

除了商務官員、宣教士外，「浪人」也是當時的探險家之一。最典型的代表人物就是英國領事必麒麟（W. A. Pickering）。這時，他已「飄泊」各地多年，曾幫忙美國廈門領事，做嚮導與南部的原住民打戰，並且目睹、指控滿清政府的各種腐敗措施。他也被視爲通緝犯，讓滿清政府四處追捕、懸賞人頭。

這是探險家在台灣的第一期，至一八九五年日本據台時宣告結束。這一年，滿清因甲午戰爭失敗，簽訂馬關條約，放棄台灣，撤回中國。英國人拉圖許（La Touche）是這塊土地博物風貌的最後見證者。春冬之交時，他像即將消失的孤星，搭小艇穿過劉銘傳搭建的鐵橋，上溯淡水河至大溪。但島上的抗日戰爭阻止他繼續深入內地。拉圖許怏然回到廈門。而另一位未登上玉山的瑞典探險家霍斯特（A. P. Holst）遭遇更令人憐憫，隔年他便病死於旅途中。他們爲這個階段的探險劃下休止符，接下來是日本探險家的時代。

一八九六年，抗日戰爭繼續在島內進行，探險家的活動也有了新的開始。秋天時，長野義虎在花蓮登陸，南下，選擇玉里璞石閣向西，冒險進入號稱「黑暗世界」的中央山脈，重新走訪清朝總兵吳光亮修築的八通關古道與拔契道。這是外國探險家首度成功的橫斷，完成史溫侯以來四十年所有探險家的夢想。但長野不懂自然知識，只能夠約略告知我們古道的奇險峻拔，還有那些地方住有原住民部落。黑暗世界裡藏有什麼東西，台灣獨特的生物地理爲何，仍然未能揭曉。所幸這時有二位著名的人類學家已在中央山脈訪查，揭開一些人類學訊息的曙光。一位是剛從中國遼東半島回日本的鳥居龍藏，台灣是他的第二次海外調查。他也是首次在台灣使用相機的人類學家，並且爲蘭嶼人取名「雅美族」沿襲至今。另一位是森丑之助，他的工作更令人欽仰，每回去中央山脈，便滯留一兩年，以地毯式的調查工作，記下各地原住民的起居生活實況，還有各山巒的林相世界，成爲日據初期探訪山區珍貴的自然史料。

這時期探險家也集中於民俗文物、人類學、考古學與自然科學的專業人材。一九〇〇年阿里山大森林的發現；更清楚釐定探險家的界定與探查的目標。傑出的探險人材依舊不斷輩出，如多田網輔、黑田長禮、大島正滿、菊池米太郎等，都是日本內地的傑出學者，被這塊新佔領的「國土」吸引而來。這些人背後或多或少存有「政治」色彩的遺跡，做爲日本政府的探查先鋒。一九二〇年代以後，這種「政治」色彩才轉淡。爲科學而科學，爲歷史而歷史的專業人才逐漸嶄露頭角。如崛川安市、佐佐木舜一、青木文一郎、楚南仁博、江崎悌三與伊能嘉矩等都足以立傳，大書特書。尤其是鹿野忠雄，這位繼史溫侯後，在台灣最偉大的博物學家，中學時便來台北就讀高等學校，三十年代，已走完台灣各地高山名峯，寫下豐厚的登山史書，並且記錄各種哺乳類、鳥類、人類學、植物學、動物地理學等報導，成爲當時最傑出的科學報告。直到太平洋戰爭爆發，他才以非軍職人員調往南洋。結果，一去不返，最後的消息是從婆羅州傳來，他已消失。一般人咸信鹿野已死於戰爭，他的消失也意味著這一階段探險的結束。同時宣告這個長達八十年，現代各類科學家、宗教家探險啓蒙期的結束。

這是台灣近代史外國探險家在台活動的大致脈絡，「探險家在台灣」一書將逐一推介、詳述。本文不再贅述，謹略舉上述三四人做爲過程的指標。這個專輯是在自立早報一月二十一日創刊時，由自立副刊逐一推出；所選定的探險人物，並不足以涵括這段歷史期的各種樣貌與人材，掛一漏萬，在所難免；但已約略可追溯出是時的各種探險風采。在此也感謝所有執筆撰寫人士，還有爲探險家重新塑像的鄭問兄，使本專輯一推出，即受到各方的推介與讚許。

為探險家重新塑像的畫家——鄭問素描

鄭問，年輕的水墨插畫、漫畫家，今年三十歲。喜歡坦克、機器模型；是電玩大高手，常常不眠不休地打得自己眼壓過高。

他的作品以氣勢雄渾見長，結合科幻與武俠情節而自成一家。本刊特別邀請他為「探險家在台灣」塑像。

探險家在臺灣

目錄

探險家在臺灣

史溫侯

福爾摩莎大探查

——博物學家史溫侯在台的觀測

／戴勝

在台灣自然誌裡，史溫侯無疑是最偉大的博物學家，舉凡動物、鳥類、植物、昆蟲、貝殼與人類學等，他都是第一位探查或發表報告的見證者。台灣的生物地理相，也在他的研究下，建構出它與中國的獨特關係。

自十五世紀末以來，發生在遠方異域的戰爭，往往也是探險家的天堂；尤其是對十九世紀的自然探險家而言，他們好像來到一處未曾有人發現的金礦山脈，任其開採。

鴉片戰爭帶來中國探險的高潮

一八四〇年，滿清與英國的鴉片戰爭，就是在這種情況下，成爲中國自然學歷史的開端；而台灣也同時開啓自然學的大門，因爲清廷被迫與英國簽訂南京條約，幾個重要港口——廣州、上海、寧波、福州與廈門，開始對外開放通商。這時，許多自然探險家亦紛紛搭船，渡海抵達中國。主要有英國領事處人員、法國傳教士，還有其他愛好自然的歐陸人士。一八五四年，隻手空空由倫敦抵達中國，準備在厦門英國領事館任職二等助理的史溫侯，正是其中的一位。而廿年後，當他搭船回倫敦時，船上卻載滿早期台灣自然生物相最完整的樣品。

在東亞的自然學歷史裡，史溫侯也無疑是第一個，更是最偉大的一位鳥類學家。羈留中國的廿年間，他曾分別在厦門、上海、寧波、煙台與台灣當過譯員、副領事、領事。同時利用所有閒暇調查東亞的自然生物資源，舉凡鳥類、動物、爬蟲、貝殼、蝴蝶、魚類與植物，都廣泛的在野外涉獵。台灣不少自然生物的學名，都有他的大名列於其上。

新竹香山是台灣自然探險最早之地

說來也十分巧合，史溫侯不是在英國出生，而是在印度加爾各答（一八三六年）；長大後才回英國讀書。童年住在印度時，他即認識當地鳥類，以一個當時的野鳥觀察者的歲數，這是非常難得的早年啓蒙，再加上史溫侯熟嫻廣東方言，這使他日後在中國的調查增加許多便利。

史溫侯第一次來台灣，在廿歲時（一八五六年）；搭乘一艘平底的中國帆船抵達新竹香山。我們不知道這艘船的主要目的是什麼，但他在海岸旅行二個禮拜間，做了短暫的野外接觸，又匆匆回大陸；雖然沒有什麼重大的自然生物發現，但新竹香山從此成爲台灣現代觀察鳥類的第一處地點。

一八五八年，他第二次前來台灣；這也是史溫侯最有名的一次大探險。當時他搭乘一艘著名的英國皇家海軍軍艦「不屈號」（Inflexible），沿海岸環島航行，船上除了史溫侯外，還有一位奇屋（Kew）博物館的植物學家威勒佛（Wilford）。不過，此行並非自然之旅，而是一趟政治探險。「不屈號」來台，是爲了尋找兩位失蹤的外國人，傳說他們被山地裡原住民綁架。由於不知道藏在那裡，「不屈號」的指揮官只好沿海岸旅行一個月，到處搜尋。

夏天時（六月），「不屈號」從厦門出發，首先抵達安平，然後沿安平南下，打狗、枋寮、海口，再繞過巴士海峽上溯，抵達蘇澳、基隆，最後停泊金山外海（六月廿日）。史溫侯也跟士兵上岸，攀越七星山抵北投，第三天才沿基隆河搭小船回基隆。一般鳥學人士咸信，這也是史溫侯早年對台灣野地自然生物最深入的一次觀察。從人文歷史觀點來看，史溫侯在旅行後，也寫過一篇自己接觸原住民的文章，這可說是當時關於原住民生活最深入的報導。

「不屈號」的政治旅行

「不屈號」後來又去了淡水、台南，再折返厦門。在這回政治的尋人旅行中，他也盡可能採集動植物標本。廿世紀初期，許多自然學者認爲他這趟旅行收獲頗豐，譬如看到小燕鷗、玄燕鷗在東海岸的峭壁築巢，中國漁夫從基隆嶼帶回鳳頭燕鷗的蛋，但他顯然不滿意這種「政治」探險。

他曾在鳥學報告裡如此埋怨：「……儘管我曾深入內地六十幾公里，但皇家海軍『不屈號』戰艦指揮官只願在陸地短暫逗留。奇屋植物園的植物學家威勒佛和我，都沒有足夠的時間採查。以樟樹爲主的廣袤森林，覆蓋著高大留有殘雪的山巒，無疑的仍有許多科學界尚未知曉的生物新種；除非我們能獲得在中國自由旅行的權利，否則我們很難到那兒採集；縱使中國的福爾摩莎向歐洲開放，要登上這些美麗的高山也充滿危險，因爲那兒有極端凶悍的土著部落。……」

儘管史溫侯很遺憾這趟旅行，但三年後，他的願望實現了。一八六一年，淡水開放通商，史溫侯被英國女皇任命爲副領事，派往台灣，成爲外國人在台灣職位最高的外交官。他先在高雄、台南逗留約半年，再遷往淡水渡過冬春兩季。這時，他總算有足夠的時間，到野外打獵、採集標本。不過，他的主要生物標本，多半不是親自獵獲，而是透過金錢交易，僱請當地的獵人到野外獵狩所得。一則，史溫侯有一副壞身子，在台灣還曾染上嚴重的熱病；二來，野外仍是蠻荒之地，到處潛藏有「化外之民」，原住民隨時埋伏在森林裡，攻擊旅行商客。

台灣鯨魚的最早鑑定記錄

一八六二年春天，史溫侯便攜著被熱病拖垮的身子回到對岸的福州養病；不久，又搭船返英國。那一年，他在倫敦調養身子，隨即發表著名的「福爾摩莎哺乳類」，我們所知道的南台灣長鬚鯨，就是在當時以史溫侯爲命名，這是台灣以現代科學記錄水中哺乳類的第一次。隔年，他又發表一台灣有史以來最完整的鳥類報告，列舉個人在台發現的一百八十七種鳥類，其中包括國際知名的朱鸝、黃鸝，還有現在列入國際紅皮書的稀有鳥種，台灣之寶——藍腹鷴。

論文發表之後，史溫侯沒有對台灣忘情，等身子調適好，又千里迢迢趕回來，更加癡狂而勤奮的做野外探險。從一八六三年到一八六六年他多半住在淡水與高雄兩地。在淡水時，他羈留於現今的紅毛城，有時也到北投區旅行；現今全世界只剩廿隻不到的朱鷺，當時，他早已發現六隻，冬天時固定到淡水棲息。在高雄時，他經常爬壽山，與獼猴羣相遇，一起看老鷹在天空盤飛，竹鷄羣從草林中驚竄，蝴蝶集結成空中的河流。

另外，他還僱小船去基隆、澎湖羣島、恆春採集，同時往返福州、香港，一邊撰寫大陸沿海的鳥類生物相。這期間，在台灣海峽，他仍然看到不少信天翁在海上翺翔，這是現今的我們一輩子也不敢奢盼的想像了，因爲信天翁自四十年前已在台灣海峽消失。

一八六六年，通常是自然學家認定的，史溫侯在台灣自然生物採集的最後一年。這一年元月，他準備橫越中央山脈，去尋找水鹿，還有其餘他認爲的新奇生物。當時中央山脈，尚未有外國人深入；台灣是個大離島，而且擁有冠絕東亞的高山系列。從是時剛啓蒙的生物地理學家知識，史溫侯相信，中央山脈一定有許多尚未知曉的生物，而且與中國喜馬拉雅類型相似。史溫侯的判斷大致未錯，可惜，他這趟最後之旅，在台灣最重要的一次探險並沒成功。說來無奈的是，史溫侯的失敗並非原住民的襲擊、阻擾，也非地勢險絕的阻隔，反而是英國女皇陛下的一封急信，打斷了他的探險，史溫侯的探險隊才走了十來天，隨即被這封急信召回，趕回廈門任領事之職；當時他在台灣也已任領事。

橫闖中央山脈

在這趟旅行的計畫裡，他原本想從打狗（高雄）出發，橫越第一高峯玉山與中央山脈，前往花蓮長濱的烏石鼻。根據早期的鳥學史，假如沒有這封急信的催促，史溫侯很可能橫越中央山脈，抵達東海岸。這樁意義也十分重大，因爲他勢必穿過層層山巒，路途中可能會發現許多高山特有鳥類，如栗背林鴝、帝雉、火冠戴菊、金翼白眉、紋翼畫眉與冠羽畫眉等，並且成爲首先登上玉山的探險家。不必遲至四十年後，等一九〇六年，英國另一名探險家古費洛（Walter Goodfellow）前往玉山，才陸續發現特有的台灣生物相，並公諸於世；台灣早期的自然學史也會改寫。總之，一個隔離於大陸的島嶼，它的生物圈絕對有異於相近大陸的自然風貌；台灣這種特殊的自然生物相的確存藏於孤絕的高山之中，但身爲島上第一位野外探險家，史溫侯並未發現。

然而，這是史溫侯寫過的探險報告中，最完整的一篇，從這篇樸拙的自然作品裡，可以看出他對台灣的情感、旅行的感懷，以及如何打獵、如何應付原住民：

「在穿越山裡的森林時，沒有舊路可循，必須沿著天然的乾河牀前進。我們登上其中的一座小山，兩旁都是長相奇特的樹林，往下奔滾的溪流在此縮窄、打轉，急速地冲刷過鵝卵石，有的又緩流成闃靜的小水潭。水裡游著像鱒的小魚。有些較險峻的石頭旁，水流成小瀑布。小魚羣從那兒跳躍，激起漣漪與水花。在毒辣的陽光下，艱辛的跋涉後，喝這些冰冷的溪水，覺得異常美味。抬頭眺望天空，密覆的森林偶爾裂出一條細縫，讓陽光洩進來，這風景也令人著迷。

「蝴蝶在這時（二月）並不難看見——在近海的打狗曾經發現像河流一樣的蝶道；林中也有數不清的鳥鳴。福爾摩莎眞是自然世界的天堂。可愛的小紅山椒雄鳥，伴著他們橘黃羽色的雌鳥，忙碌地穿梭林枝間。最高的樹頂上，烏亮的小捲卷佇立著，大聲的鳴唱，彼此以尖叫與波浪的飛行相互追逐，從此樹到彼樹。

「我想勸說嚮導往下走，越過溪流，到山裏的森林，但他們說要帶我去看綠鳩。果然眞的，就在爬抵一處山坡後，我們看到好幾隻綠鳩停棲樹林。我們爬到山頂，山谷對岸的大樹上正好有一隻。一個獵人向牠開槍，牠飛到另一棵樹去。我也開槍，牠的尾部揚落幾根尾羽，然後飛得更遠了。一名獵人越過山谷，從隱密的草叢裡，又捕開二槍。這隻綠鳩仍然逃逸。我們也越過去，來到一棵菩提樹下時，旁邊的樹叢突起騷動。結果，又是好幾隻綠鳩。我打下一隻，是雌的綠頭綠鳩。我的背囊早有一隻……。

「在山溪旁，我看到一隻綠簑鷺，還有一隻鸕鶿，迅速地拍翅飛來，我認爲是普通的那種。嚮導大聲地喊道：『那裏就是你想要的黑鸛！』這是二十二日的事，我們走過河床邊的荒路，一路小心的注意草叢裏的動靜，預防一些叛亂的土著埋伏在裡面，他們的武器有箭矛、火繩槍。經過後，我們在一棵大樹的樹蔭下休憩甚久……。

「我只是提出些許進入內地旅行發現的鳥類。我實在沒有時間去編織一個旅行的故事。所以必須記載以下的一些日期。我於三月十一日離開打狗，十三日抵達厦門，在這裡，我暫時變成蟄居不動的人，等待另一個觀察鳥類的時機到來。」

史溫侯的最後之旅

一八六六年，他泰半便滯留於中國，先是厦門，然後寧波、煙台、北平，一邊跟滿清留辮子的官員打交道，一邊在寄居地的野外採集。一八六八年，他才因英商陶德的賽順洋行與淡水民衆發生衝突，趕到台灣來化解。那一年，英國在台領事吉普遜（John Gibson）也率軍艦在安平港示威，占領赤嵌城，這是台灣史相當重要的一件政治大事。

在史溫侯做自然採集時，中國這塊廣邈的土地上尚未有自然學的文獻報告，史溫侯與法國的大衞神父是早期的開拓者，但大衞神父從未去過台灣，只到福建沿海旅行過。史溫侯在台採集的標本都運回倫敦挪威治博物舘（Nowich Museum），那兒現今仍存有台灣最好的早期鳥類與其他生物標本。

和史溫侯同年代的自然探險家中，來過台灣的，還有美國密西根大學教授史蒂瑞（J. B. Steere）、英國自然學家柯靈烏博士（Cuthbert Col-lingwood）等人，但史蒂瑞著重的是民族學的研究，柯靈烏只懂海中生物，二人的自然知識半調子，成就自然不如史溫侯。

史溫侯在中國的最後一站是山東煙台。一八七三年十一月，啓程回英國，靠領事館的退休金度日。在離開之前，他完成「中國鳥類目錄制訂版」，這是他一生最重要的著作。

巧合的是，這一年，史蒂瑞正從菲律賓抵達台灣，去了史溫侯未抵達的中部與南端山區。一八七七年，他們倆人還在英國見過面，史蒂瑞特地帶來一種特有的台灣鳥，藪鳥。這是史溫侯最後見到的台灣特有種，那一年冬初，他便與世長辭，享年不過四十一歲。

現今，從自然學歷史的觀點評價，史溫侯仍是台灣鳥學、哺乳動物學等的奠基者，由於他的博學，也使得各種自然生物知識從那時開始拓展；但從自然探險家的旅行過程苛刻的批評時，史溫侯只不過採集了台灣平地丘陵的生物相，並未進入山區；嚴格說來，他的探險仍未成功。但在當時的環境裡，山區處處隱藏著危險重重的殺機下，史溫侯能鉅細靡遺地搜遍丘陵平野的自然生物，仍是了不起的一項驚人成就。

後來，繼史溫侯之後，仍有許多自然探險家到來，想要征服玉山與中央山脈，但是有的半途而廢、有的因病死亡；對島上的山巒，不是仰之彌高，便是望之彌堅，最後功虧一簣。

中央山脈，這處日本探險家畏稱的「黑暗世界」，仍舊在層層濃霧的籠罩下屹立，成爲早期探險家的夢魘。它的自然面貌還是等到二十世紀才逐一被人揭曉。

必麒麟

W. PICKERING

兩眼盯住台灣的人

——政治探險家必麒麟的賭命生涯

／黃郁彬

一八六三年，必麒麟（W.A.Pickering C.M.G.）隨著他的頂頭上司，台灣島的海關稅務司Maxwell，來到了打狗（今高雄），同時擔任打狗的海關檢查員。在這之前，他曾經是英國貨船上的見習生和三副。從這份資歷看來，我們很難想像，這樣的一個人，會在台灣有太大的發展。然而事實却不然，必麒麟後來不但先後主持了台灣府（今台南）的海關，以及英人的商店——McPail公司的台灣府分店，而且還捲入了著名的美國商船「羅發號」（Rover）以及樟腦的私運事件。

台灣——一個垂危的病人

必麒麟在台灣一共待了七年（一八六三～一八七〇），他對這塊土地及人民做了相當銳利的觀察，但是隱藏在這份觀察的背後，却是英人開拓海外資源及廣大市場的强烈動機。只要任何值得探索、挖掘的地方，包括有獵人頭習俗的番地在內，必麒麟都不予以放過。

七年的生活經驗，使得必麒麟自詡爲「老台灣」，彷彿台灣的一切，包括山川、地理、人文風俗，都是他熟悉不過的東西。

但是他怎樣了解台灣的居民呢？

必麒麟在其自傳「在福爾摩莎探險」（Pioneering in Formosa）一書中，曾經對滿清官吏及移民的漢人（包括鶴佬及客家人）分別做了描述。

當必麒麟開始主持台灣府海關時，Maxwell 給他留了一位滿洲師爺，這位師爺「高高的身材，很有威嚴，神情安祥，舉止態度極爲文雅，深通四書五經，而且面孔很漂亮……」。必麒麟非常的信任他，同時請他協助堤堰的修築工作。師爺答應了，他請了一批勞工，把一切事情處理的非常妥當。

但是當必麒麟把一份份優渥的工錢賞給工人時，工人羣中却發出了陣陣的埋怨聲——「『有什麼問題』？我很坦白地詢問。他們按照中國人的方式蹲在那裡，眼睛向上看看瓦屋頂，向下看看地板，各處望來望去，就是不看我帶著探詢神情的臉面。『喂！』我繼續說，『你們爲什麼不滿意？什麼事情？』『啊，沒有什麼事情，沒有什麼事情。』他們答說。但是嘟嘟噥噥的聲音仍在繼續。我可以在紛擾之中聽出一些話。『看看這個吧！』一個人向另外一個人咆哮著說。『還不夠我們一個月買米的錢！我們還有太太和孩子！』『喂！告訴我。』我又試著詢問說，『出了什麼問題，你們對於你們所領到的錢不覺得滿意嗎？這個報酬是很好的。』到底有一個膽量比旁人都大的人突然說：『好的報酬，你認爲是不是？這個錢要拿出去一半送給那個雇用我們的滿洲人！』『是的』，另一個人也壯著膽子附和著說，我的錢要拿出去三分之二！』『我的錢也是一樣』，他們大家都說。」

這段對話不但點活了中國人凡事背後嘀咕不願明講的個性，同時也揭示了一般官吏肆無憚忌的貪汚作法。但是這還只是冰山的一角。當必麒麟看到台灣道台把維持陸、海軍的軍費飽入私囊，同時大量收刮百姓金錢賄賂福州總督時，他淸楚地意識到「龐大的滿淸帝國的根基正在動搖。」她已經無力維持她自己的完整和安全了，鷹瞵虎視的列强，正好「在這個垂危的病人的四周」，各憑本事地攫取自己想要的東西。

淸廷官吏如此，一般的漢人呢？

在必麒麟的眼中，漢人不但怯弱而且喜歡械鬥，尤其是客家人，他們和平埔番打、和鶴佬人打，自己不同家族的人也常常打，「但是只要他們不妨礙政府，官吏們便對那些事情假裝沒有看見」。

這些漢人和中國大陸上的中國人一樣，都是儒教、佛教和道教的信徒。但是就儒教而言，漢人「已經從這位聖人（孔子）所制定的高超標準上大爲墮落」了；至於佛教和道教也「已經很不幸地墮落成爲一種極大的迷信和騙局」。在失却高尙精神的洗禮下，引導漢人日常生活的，却是一些僵閉和不近情理的禮俗、觀念，比如重男輕女、被扭曲的孝的觀念等等。

一個聰明的蠻子

必麒麟在台灣府海關時，曾經碰過一位漁夫的老母親。這位老母親把溺嬰的事情，視爲理所當然，有時候還爲了一點點小事，痛責兒子，並且「拿起她的煙袋，打她兒媳婦的頭，直至血從她的臉上流下來，她一邊打，一邊用最難聽的話駡著」。這些對必麒麟來講，都是不可思議的。

人和鄉紳這一層的人士呢？

當然，我們可以說，到目前爲止，必麒麟所描述的仍然偏向漁民、勞工的階層，那麼讀書人和鄉紳這一層的人士呢？

一八六六年，在必麒麟探訪嘉義的歸途中，他接受了一位鄉紳的款待，這位鄉紳知書達禮，而且有著赫赫的家世：他的祖父和國姓爺是一道渡海來台的。

晚飯過後，當必麒麟談起英國的地理時，鄉紳和他身旁的人却一無所知，他們仍然視西方人爲「蠻子」，原來這個蠻子「來自文明世界（中國）以外的一個貧困的鄉村，因爲只有在天朝皇帝的領域之內才有文明。世界所有的其餘部分——如果還有任何可憐的餘剩的話——都是蒙昧的，僅僅是『蠻子』的家鄉，而不是『人類』的家鄉。」

夜裡，當必麒麟躺在床上時，他隔著薄薄的紙間壁，聽到了主人和其好友的對話——

「『這些蠻子眞是奇怪的動物』，那位鄉紳用沈重的喉音說，一邊在抽鴉片煙。『是的，他們眞是奇怪的動物』，另一個人同意他說。一陣長時間的停頓，在這個期間他們都在抽鴉片煙，同時在沈思默想。『那個必麒麟，他是一個奇怪的蠻子。他在哪裡學會了說人話呢？』『是的，不過他很聰明——就一個野蠻人來說。他差不多和人一樣。』『胡說！他的眼睛和人的眼睛不一樣。那兩隻眼睛是圓的，像其餘的動物一樣，他的眼稍並不是像我們人類一樣向上吊起的。他不是人，我告訴你。』對方發出一個沈重的喉音。這項議識便算成立了。『啊！也許他的母親是一個人！』他自動提出這個意思。『也許，也許；不過他是一個聰明的蠻子』，我的主人作結語說，這場討論便就此告終。」

我們可以想像，當必麒麟寫下這段文字時，心中的鄙夷和輕蔑。當然，我們可以辯說，必麒麟的種種論斷，都是片面的、以偏概全的。但是，重要的是他代表了十九世紀末，某一個

（甚至大多數）西方人對於中國人的看法，他們認定了中國人的封閉和無謂的自大，從而在政治和貿易上，對中國人予取予求。

在必麒麟留台期間，台灣早已經從單純的美麗之島，易成外國人眼中的貿易重鎮了。根據統計，一八九三年一年當中，經由台灣做生意的十一、二家歐洲商號，一共作了高達四百五十萬英鎊的貿易。

而衆多的台灣出口品當中，尤以樟腦最受注目，因爲它在國外轉售的利潤非常的高。但是由於過度砍伐的結果，好的樟樹只能向深山中去覓尋了。必麒麟就在這種經濟的、以及調劑生活的動機下，開始了他的內地探險之旅。

向內地探險

大約在一八六三年末或者一八六四年初左右，必麒麟帶著一位朋友，經由道明會神父的安排，初度訪問了台灣的番地。這一次行動，可以說是相當的冒險，因爲當時台灣的生番，仍然留有獵人頭的習俗。但是必麒麟依然按計劃從打狗出發。

他們首先經過埤頭（今鳳山）和東溪港。在到達阿猴（今屏東）時，他們被好奇的鶴佬人團團圍住，必麒麟很輕鬆地談到他的目的地，結果却引來鶴佬人「笑聲的歡呼」。

「你們眞的以爲你們能夠活著到達那裡嗎？那是不可能的。從來沒有白種人作過這種事情！那些野人都長著尾巴，並且吃人；沒有『人』願意走近他們。」

但是必麒麟不爲所移，他仍然來到道明會神父在萬全村（Bankintang）的傳教處，這是一個界臨番民地區的山脚地帶。

然而出乎必麒麟意料之外的，神父們居然也反對。因為那些高山的低坡上，人煙稀少，「各族之間經常懷有仇恨，你永遠無從斷定，那些野蠻人什麼時候忽然從上面跑下來，從事一場獵取人頭的征伐。」最後，神父們找了一位老平埔番來幫忙。這位平埔番答應，試著帶幾位生番來和必麒麟碰面。

一天夜裏，必麒麟終於看到「兩個很有威嚴的，皮膚微黑、長著黑牙的野蠻人，他們穿著獸皮、戴著羽毛，皮膚塗飾著，極其華麗。」經過老平埔的翻譯，必麒麟發現「他們原來是些脾氣很好、很聰明的人。我告訴他們中國人都認為他們是長著尾巴的；他們便叫我去實際查驗，以證明他們並沒有長著這種東西，他們對於這個說法捧腹大笑。在我們查驗過他們之後，他們也要我們把我們的白身體顯露給他們看。」這是必麒麟首度發現，生番對於白肌膚的好奇。接著，必麒麟便拿出他預先準備的禮物，光亮的色珠、小鏡子、打火器、針和成段的大紅布送給生番，而生番也回贈了豬牙做的小武器和平地的煙袋，雙方聊的非常的愉快。

這一次的行動，雖然沒能讓必麒麟實際進入生番地，但是無論如何，他已經打破了漢人長期以來的禁忌，而和生番做了初步的接觸。生番的坦直、沒有心機，讓他留下深刻的印象。

一八六五年，必麒麟奉他老長官的命令，開始主持台灣府海關。這一年秋天，他有機會到距離台灣府十來哩的新港，和平埔族做較多的接觸。然而必麒麟的感覺是失望的。這些平埔番的衣著和中國人一樣，「並且已經忘記他們從前的語言」，更重要的是，他們的村長——一個曾經因為參與太平軍的平定，而獲得授官的平埔番，由於長期和中國人交往的結果，變得滑頭而世故，整個村落的氣氛，也離生番的坦白淳樸甚遠。

當必麒麟二度探訪生番時，已經是一八六六年的事了。這時候他早已離開台灣府海關，進人說在打狗的 McPhail 公司服務。這家英商，取了一個很中國化的名字「天利行」，它是台灣南部歐洲人開設的主要商號。

尋找茶葉和肉桂皮

在這一年的年尾，幾個中國人帶了茶葉和肉桂皮的樣品，來會見必麒麟，並且說，在高雄六龜（La–Ku–li）附近的野蠻人地區，種有許多這種東西。為了證實這個話，並且開展未來的貿易，必麒麟決定實際考察這個地區。

他的行李很簡單，除了防衛用的槍支外，大部分都是預備送給各蠻族頭目的禮物。到六龜的路途並不遠，但是由於沿途常有成羣結隊的野蠻人，因此不大安全。但是必麒麟還是有驚無險地到達了。他蒐集了不少肉桂皮，同時勘查附近部落的諸多迷信和禁忌。

幾天後，一個 Bantaulang 族的老太婆浦里桑，邀請必麒麟到她族裏訪問，必麒麟答應了。到 Bantaulang 的路非常的難走，到處都是覆蓋著茂密莽林的陡峭山嶺，有些小路甚至臨壁垂立。在爬山的路上，他們看到了大量的茶樹、肉桂皮以及寶貴的巨大樟樹，山上的豐富資源，的確是西部平原所無法比擬的。

當他們來到 Bantaulang 的時候，不巧，村子裡面正舉行守齋，浦里桑希望必麒麟不要進去，因為這是不敬的。

然而必麒麟却大膽地舉起來福槍放了幾響。不久後，幾個 Bantaulang 族的人走了過來，必麒麟便按著老方法，迅速脫下襯衫，露出白白的皮膚來，這個舉動使得 Bantaulang 的人發出驚訝的沈重喉音，他們一輩子不曉得有人的肌膚是這麼的白。

必麒麟被請進了村子裡，人們開始成羣地擁過來，他們用手來打擊自己的牙齒，藉以表示他們對這個不尋常客人的驚奇。

「他們請求我再把襯衫脫下去，我很豁達的照辦了，於是我受到他們全體驚奇的察視。」當天晚上，月亮高懸，露天之下，一大羣男人和女人聚集著，必麒麟在這裡度過了他永生難忘的一個夜晚。

「這是一個荒野而富於羅曼蒂克意味的場面。這個奇異的野蠻人居住區連同那些石板瓦屋，很清楚地顯現在月光之中；一排排暗黑的面孔在熱忱地期待著，想看一看他們奇異的白皮膚的親戚；他們中間混亂的談話聲和動作，以及山坡上那些急流的吼聲，爲這片景色提供了一個永不停止的伴奏。英格蘭，甚至中國人的文明社會，似乎距離得多麼遙遠！」他雖然覺得疲倦而虛弱，「但是一想到我到底已經看見了著名的 Bantaulang 人，並且實現了夙願爬到遙遠的摩里遜山（玉山）的頂巔，就使我振奮起來。」

第二天早上，Bantaulang 的人帶領必麒麟去尋找肉桂樹，沿途的風景非常的壯麗，他們幾乎走到摩里遜山的頂巔，但是由於擔心別的部族的襲擊，在到達盡頭之前，他們就回去了。

這是必麒麟最後一次的內地探險。大抵而言，他的整個探險歷程是愉快的，他對生番的評價也是頗高的。如果把台灣所有的住民擺在一起，那麼必麒麟心中的排位是：生番、平埔番、移民漢人，最後才是清廷官吏。對他來講，愈是文明的人就愈是性格難測、詭計多端。

然而隱藏在這項評價的後面，還有一個重要的影響因素，那就是商業利益的問題。歐洲人到底對原住民安著什麼心，到底從台灣高山上攫取了多少豐富的資源，生番是不清楚的。然而漢民和官吏則不然，港口的開埠、洋商、外國領事的進來，都直接和他們的風俗文化及經濟利

[illegible]，起了莫大的衝突，因此外人辦起事來，自然不像他們在生番地區那麼諸事順遂。但是這一點是必麒麟所沒有或者不願意指出來的。

捲入「羅發號」事件

在探訪 Bantaulang 族回來不久後，必麒麟就參入美國商船「羅發號」的事件了。

清朝中葉年間，台灣海峽是一條「危險而不可靠」的走道，除了風濤凶險外，沿海地帶盡是海盜和「把搶掠難船當做一種職業」的漁民。因此遇難的船隻，即使是幸運地漂到岸上，也往往被漁民搶光、剝光，甚或落成生番刀下的犧牲品。

一八六七年年初，一艘美國的三桅船「羅發號」，在瑯嶠（今恆春）附近遇難，船上除了兩個人員以外，全數被一個叫龜仔律（Ko-a-luts）的野蠻部落殺光。

美國在得悉之後，立即派遣領事李仙得（Le Gendre）將軍，前來執問，但是台灣道台以瑯嶠非中國管轄區，而予以拒絕。為了對死難船員報仇，美國決定以武力攻擊龜仔律。

這件事情本來和必麒麟扯不上關係的，但是在台灣居住了三年以後，必麒麟早已成為大家眼中，「有關台灣島的野蠻問題的最大權威之一」了。

於是美國人找上了必麒麟，必麒麟也立刻獻上了兩計：一個是建議美軍停泊在瑯嶠灣的一個客家莊，「那些客家人供給野蠻人武器，並且同他們通婚，因而曉得他們的風習和時常出沒之地。」另一計是，憑著美國人的優越武力，「再向中國人作金錢的賄賂」，就可以「勸使那些容易收買的中國人供給我們幾名嚮導，」然後美軍可以從陸上和海上，對龜仔律做前後夾攻。

必麒麟的策劃雖然精細，美國的復仇行動卻失敗了，因爲龜仔律比他們想像的還要頑强。但是美國的直接行動，却逼使淸廷不得不派軍平息事件。然而必麒麟却搶先一步，脅迫瑯璚附近的十八個蠻族部落，要他們幫助美軍懲罰龜仔律，同時保證照顧今後失事的船隻人員。這個脅迫，最後以條約的方式，分別由中國的知事、李仙得將軍、瑯璚的首領和必麒麟一起簽署，必麒麟還煞有其事地跟瑯璚的首領，歃血結盟爲兄弟。

這是必麒麟憑著其對漢人及生番的熟悉，首度涉入的政治和外交事件。

然而在順利了幾年之後，必麒麟却因爲樟腦的私運事件，惹出了大麻煩。

梧棲的戰爭與逃亡

瑯璚事件結束後，必麒麟接到 Messrs Elles 公司，（McPhail 公司，現在已經換了老板和店號）厦門總店的一項指示，要他開始進行樟腦的生意。因爲美國對樟腦的需要量大增，而且價格漲到了令人垂涎的地步。

但在當時，整個樟腦的買賣，仍然操在台灣道台的手中，任何有關的交易，都要經過他那一關。

然而必麒麟却和梧棲的一位富有地主——蔡氏，私下簽定了合同，由蔡氏供給必麒麟所需的一切樟腦。這項簽約，自然逃不過道台的耳目，就在必麒麟準備輸出樟腦的時候，一場小型的戰爭開始了。

兩百名道台的軍隊，配合著當地的另一家大族——陳氏，開始向必麒麟和蔡氏的堡壘進攻，在一陣子混亂以後，必麒麟憑著一股無比的蠻勁和「中國人所不能了解的射程」的來福槍，逐退了攻擊者。

最後，當道台的代表，建議必麒麟坐下來談判的時候，蔡氏的人像勝利似地歡呼了起來：「現在小心吧！必麒麟在這裡呢！你們將會看到他將怎樣來消滅你們的『勇士』和陳族的人們。」但是陳族的人也不甘示弱地大罵：「打必麒麟，打。」兩個梧棲的大族，就像其他地區的許多漢人家族一樣，好狠好鬥。只是這一回，不一樣的是，他們居然爲了一個來自遠方的英國商人，大吵特吵。

談判的結果：道台的軍隊撤走，而必麒麟則必須在和英國領事磋商之前，停止一切樟腦的購買和運輸。

但是當必麒麟走出代表的辦公室時，又和軍隊及陳族的人幹了起來，必麒麟沿街放鎗，打得他的對手四處奔散潰逃不已。最後，必麒麟以鴉片的賄賂方式，慫恿漁民幫他離開這個是非之地。他首先搭船到淡水，然後再折回打狗。

可是爭執並沒有結束。必麒麟很快地約同英國領事吉必勳（Gibson），一起到台灣府城拜訪道台，令他們失望的是，道台仍然不改樟腦的專賣政策，他依舊「堅持任何歐洲人都不能購買樟腦，除非經過他的手並且按照他的條件。」

不過，令必麒麟更難堪的是，不久後，道台向清廷控告，他在樟腦糾紛期間的許多暴行，尤其是曾經抵抗派到梧棲的武裝部隊，「據他們（道台）說，我（必麒麟）對於中國人民擁有一種危險的影響力，因爲我諳曉他們的語言和風俗習慣。我鼓動他們對官員從事反抗和叛亂。現在我可被比擬爲古典神話中的麒麟；我被從高位上面貶降下來……。」

這件事情驚動了英國駐北京的公使，他派了兩名委員 Adkins 和史溫侯（Swinhoe），前來台灣調查此事。他們的結論是：「雖然……行為都很合法，不失為良好的公民，可是，一定不許再發生糾紛！如果發生糾紛，即便是為了保護……正當權利，引起紛爭的人也要被逐出台灣島。」

必麒麟對這樣的調查結果，憤怒極了，他的不悅，除了一般情緒反應之外，更兼及了商人對於生意上的考慮，他大罵英國政府：「我們的政策既然如此，何怪乎中國人會受到鼓勵，來忽視英國商人和傳教士在中國的利益？」

但是不久後，必麒麟仍然恢復樟腦的生意，而且把代理店先後遷到大甲和後壠。事情似乎進行的頗為順利。然而幾個月後，必麒麟的一個手下拿來一張招貼，上面指控必麒麟許多違反條約的行為，並且懸賞五百兩黃金捉拿他。

這個招貼讓必麒麟吃驚不小，他決定快速離開大甲到打狗去。但是這一回，他除了兩條腿以外，沒有任何的船隻可供利用。

一天夜裡，他逃到一片中國人的墳場，「夜色極其優美，輝耀的月光，使每一樣東西都差不多像白晝一樣的清晰可見，而且極其寂靜。如果不是有無數的青蛙在周圍的沼澤嘶鳴，好像這個世界上只有我一個人。」他坐下來休息，一天的緊張和興奮讓他不勝負荷，「留在後面的是麻煩，擺在前面的是煩惱和危險。我離開古老的英格蘭，離開家園和安全多麼遙遠了……。」這也許是必麒麟在闖遍台灣多年後，最寂寞最落魄的一個夜晚了。

Elles 公司終於決定放棄樟腦的生意，為了樟腦的私運，必麒麟在台灣的最後幾年，幾乎就纏繞在和道台及台灣人民的爭議當中。一八七〇年，他終於帶著患有熱病和赤痢的身子，黯然地離開了台灣。

「別離更爲增加喜愛之感；美麗的島嶼，再會吧！」這是必麒麟在「福爾摩莎的探險」一書中，對台灣所留下的最後句點。他在台灣的點滴滋味，是喜是恨，是歡欣是惆悵，只有他自己才最清楚了。

基本上，必麒麟不脫帝國主義的侵略心態，强橫而帶優越感，在他的眼中台灣只是英國的一塊準殖民地而已。然而他的觀察及實事求是的功夫，却是可觀的。爲了這塊地方，他甚至可以冒險犯難，幾度深入內地做探查。事實證明，他對原住民的喜好、禁忌以及對漢民弱點的掌握，都帶給他許多行事的方便，以及商業上的利益。

從必麒麟到現在，一百多年過去了，西方人對於台灣的覬覦之心，絲毫未減，而其投下的關注功夫則又百倍於前，看了必麒麟的事迹，是否讓我們警覺到了什麼呢？

按：本文主要依據必麒麟在「福爾摩莎的探險」一書寫成，文中所引內容，俱採吳明遠先生的譯文。（W.A, Pickering 著：老台灣（Pioneering in Formosa），吳明遠譯。台北：台灣銀行，民國四十八年，台灣研究叢刊第六〇種）

馬偕

焚而不毀

——馬偕醫師的信仰、醫療之旅

／徐清

作爲一個傳教工作的開路先鋒，馬偕在台灣北部地區的傳教工作曾遭遇過各種的艱難險阻，這些因風俗文化、思考方式的差異而引起的衝突十分可解，而馬偕憑著基督徒的堅定信仰化解了種種危機與阻礙，開創了他的宣教大業，至今百餘年來基督教文化連綿不絕，在台灣文化的發展上有其一定的影響與貢獻。也就是在這個意義上，馬偕可被稱之爲一宗教探險家，在百餘年前這個美麗的島嶼上，他懷著宗教家和探險家的精神，爲他的理想奮鬥不懈。其中種種，值得我們一記。

馬偕（George Leslie Mackay，一八四四—一九〇一），加拿大人，在一八七一年底抵達打狗（高雄），經過一陣子的考慮之後，他於一八七二年三月七日，搭「海龍號」輪船前往北部，計劃以滬尾（淡水）爲中心展開他的傳教工作。當時他所面臨的困難來自好幾方面——地理環境的險困，疾病的流行，文化以及語言的隔閡。這些因素使馬偕的工作倍增困難。以疾病而言，當時虐疾的危險隨時潛伏著，在「台灣六記」（From Far Formosa）一書中他曾經寫著：

「台灣地方的日光强烈，濕氣很重，所以動植物的生長都是很快……但是因爲生長既速、朽腐也快，所以台灣有一種最兇惡的疾病，就是虐疾。這是籠罩這個美麗島最久的黑雲……每家很少隔三個月的時間不病倒一人或更多的人。在炎熱的時季，土人往往突然爲這種病所侵犯，甚至於數小時之後就死亡。亞洲的霍亂和瘧疾的細菌，爲風所帶走，像疾病似地橫行於島上。」

馬偕自己也深受其害，在台灣住了一年之後，他曾經和一位英國軍艦的艦長Bax深入山區，在「生番」區域居住了一段期間，那位艦長原本身體壯碩，但回來時却不得不用轎子扛回家，馬偕也感染了瘧疾，「躺下去睡覺時覺得渾身寒冷，像一片白楊樹的葉子似地發抖。」

疾病之外，自然環境也帶給馬偕不少困擾，台灣地震、颱風多，對於來自加拿大的馬偕而言，這些都是少有的經驗。一八七四年，他第一次感受到颱風的威力，那時馬偕獨自一人從雞籠到艋舺，在走過一道很狹窄的木板橋時，劇烈的風將他吹落到一片的汚泥之中，他奮力爬上溜滑的河岸，穿過激烈搖晃的竹林，沿著羊腸小道到達艋舺時已是一片烏黑的半夜了。

但畢竟這些客觀環境的惡劣並未使得基督徒的馬偕稍有退却之意。台灣這個曾使葡萄牙航海者驚嘆道：“Ilha Formosa. Ilha Formosa.”的美麗島嶼反而深深吸引住年輕的馬偕，打從一八七二年三月，當他搭乘的船開入淡水河口下錨，遙望著青翠的山嶺時，他便聽到一個平靜、明晰的聲音對他說：「你可住在這裡，這是你服務的地方。」，從那時起，馬偕就和台灣結下了不解之緣。對台灣的熱愛與日俱增，直至老死爲止。

醫療工作——先唱聖歌後拔牙

許多人稱呼馬偕爲馬偕醫師，而事實上他的職業是宣教師，他的博士學位則是神學博士（一八八〇年當他返國述職時由加拿大皇后學院頒贈），但他在台灣的傳教工作却大大地得力於他的醫術（他雖非習醫，却曾修過一些醫學課程）這點頗堪玩味。「台灣六記」中他曾回憶：「許多人曾激烈反對基督教，但多因病深無望而於最後求助於我這洋人，於是由敵人一變而成友人。」醫療工作之所以能發揮這麼大的效用，就是因爲它直接有效地解決了病患的痛苦，除了這種功利上的效果之外，西醫的思考方式和對人體的了解都有別於台灣居民所熟知的中醫療法，這多少帶來一些新鮮、神秘的感受，因此在病癒後改信天主毋寧就是一件十分自然的事了。

醫療工作中馬偕做的最多的是拔牙，在台灣期間他至少親手拔了二萬一千顆的牙齒，而當時的拔牙情形十分有趣——馬偕和他的助手在鄉間旅行時，先找塊空地或是在寺廟的台階上唱一、二首聖歌，然後替人拔牙，站著拔，拔好之後就將牙齒放到病人手上，接著開始講道——這種方式無往不利，在宣教的過程中減少了許多不必要的隔閡與誤會。

拔牙之外，爲了對抗當時十分嚴重的瘧疾，馬偕免費發給瘧疾病患「金雞納霜」服用，金雞納霜當時是一種精緻玻璃瓶裝的溶液，有些病患一則疑心病重，怕誤飲毒藥，一則喜歡那精細的玻璃瓶，在領了藥之後就將藥液倒掉，而將玻璃瓶收藏起來玩賞。

此外，馬偕還由英國購買治療腿膿瘡的特效藥，那是一種奶油色的藥膏，由倫敦 Darin Brothers 公司製造出售，當時腿膿瘡病患很多，許多人從遠地前往淡水就診，由於病患愈來愈多，馬偕只好租了一間民房來做爲醫館，當時和他合作的是林格醫師（Dr. Riger）。據他的報告指出：「我與馬偕牧師於一八七三年五月在淡水開始對本地人的施療工作，十個月來已有了六百四十位病人。」到一八七五年，加拿大派了另一位宣教士華雅各醫生加入醫療行列，使得醫療陣容更加堅强。一八八〇年，美國底特律一位馬偕夫人爲了紀念她逝世不久的丈夫馬偕船長而捐贈了三千美金，馬偕牧師就利用這筆錢建了一座「馬偕醫館」（Mackay hospital），該館在當時發揮了極大的醫療效用，一直到一九〇一年才因馬偕逝世而暫停醫療工作，這座醫院現仍保存在淡水。

顯然，這種種的醫療工作爲馬偕的宣教事業帶來了莫大的方便，「台灣六記」之中舉了許多因病癒而改信天主的實例，像徐福、敲銅鑼的林奥、兒子爲牛牴傷而被醫好的許萬，寒熱病人徐某、被狗咬傷的阿龜、抽鴉片的王某、一個有「狂癲病」的儒教先生等等，在在都說明了醫療工作對宣教事業的實際助益。

艋舺遭遇戰

艋舺是第一個令馬偕頭痛的城市，當地居民排外心理非常强烈，主要的原因可能是艋舺當時已是台灣一個重要的城市，本身特有的文化性格已隱然成形，在碰到「洋鬼子」洋文化時，其排斥的反應自是難免。一八七二年，馬偕和嚴清章（台灣第一個本地牧師）到艋舺時搞得灰頭土臉，馬偕在一八七五年的日記中曾寫道：「艋舺的人民，男女老少每天都很忙碌，無非是爲了錢，而且迷信很多……艋舺的人民愚昧、自大、狂妄、虛僞，眞是首屈一指的壞地方。我心裡說……你的街道汚穢，表示道德腐敗，你的房屋低矮，表示品格卑賤。邪惡的城市啊，你必須悔悟，否則審判的喇叭吹起來時，你流淚也是枉然的啊。」字裏行間可看出對艋舺的不滿與失望。但這並未使他望而却步，在那之前，他們已在艋舺的東西南北都設立了教堂，接下來的目標正是艋舺。但當時的艋舺不要說傳教，即使是經商，都還未曾有過外國商人在那裡成功地設立商行，只要稍做嘗試，這些外商雇請的中國經理必定會被拖到城外打個半死。

一八七七年十二月，馬偕不顧當局不准租借或出售房屋或財產給外國佈道團的禁令，毅然在一座租來的低矮小屋前懸掛木牌，上書「耶穌之聖堂」字樣，果然，不久一批士兵前來厲聲斥責，聲言該棟房子的地基是屬於軍事機關，並提出證據要馬偕立刻搬走，馬偕表示隔天再搬，但當天夜裡，一羣憤怒的士兵將小屋圍住，隨後衝進門內，拿武器示威，「他們再三逼近我，好像我將喪生於那個黑暗潮濕的地方了。」

第二天馬偕離去，大批人走在他後頭謾罵戲謔，有人還丟出石塊污物，使他花了好幾個小時才走完到河邊的一段短短路程，馬偕在河邊上了一葉小船，順流直下大龍峒教堂，祈求上帝幫助他們再進艋舺，出了教堂之後，馬偕毫不猶豫地再回艋舺另尋租屋。幾番波折後，他終於又租到一棟破舊小屋，隔天立刻將「耶穌之聖堂」的木牌再度掛上，準備面對再次而且可能更激烈的挑戰。

果然，全艋舺立刻被馬偕這項行動激怒，大批民衆憤怒地叫吼，馬偕不爲所動，仍然像平常一樣走到街頭俟機爲人拔牙、講道。隔天，有人僱了一羣痲瘋病人和乞丐圍住小屋，這些人身體到處腫爛，他們想用這種方式逼走馬偕，但到了傍晚却還是不見效果。終於，有數百人按捺不住，將辮子纏在頸上，腰間綁著藍布，毫不客氣地大肆攻擊房屋，瓦片破碎的聲音此起彼落，狂叫呼嘯之聲響徹雲霄。馬偕形容：「沒有聽過中國暴民呼嘯怪叫的人，不能想像其如何兇惡。」這時屋主匆匆趕來，央求馬偕等人迅速離去，免得他的房子全被拆毀。

這事後來由淡水的英國領事 Scott 出面和艋舺當地官吏交涉，Scott 强調馬偕的僑民身分必須受到保護。最後，艋舺官吏終於讓步，答應讓馬偕興建教堂。民眾雖然反對依舊，但情緒似較緩和。兩年之後的一八七九年，有一天馬偕和他台籍妻子張聰明女士以及六個學生前往教堂，遇上了民間的迎神賽會，羣眾情緒相當激動，當馬偕一行走過時，突然有人以火把攻擊馬偕夫人，接著一羣人拉扯住馬偕學生，正當危急時，一名老人出面制止：「這是馬神父，不可打擾他和他的同伴。」馬偕一行人才得以躲過一劫。這事情顯示出尊重宣教師的觀念已逐漸在某些人心中成形，這些人甚至是有聲譽、威望的長者，這情形與兩年前全面反對洋鬼子洋教的狀況已有顯著改善。當天，馬偕在教堂講道的題目是——「從今以後，主將保衞信仰祂的人民，如同羣山環繞耶路撒冷一般。」

到了一八九三年，馬偕要回加拿大時，艋舺人的態度已有了一百八十度的轉變，艋舺的士紳送來一張請帖，請馬偕坐轎遊街以示敬仰，馬偕考慮之後，決定接受他們的邀請。——「他們就在同一個廟宇附近的平場上組織了一個隊伍。有八個音樂隊，用鑼、鼓、鈸、簫、胡琴、琵琶、手鼓及嗩吶等樂器，領頭先行……我坐在一頂華麗的花轎中，後面有六人騎馬、二十六頂轎子、三百個穿號衣的人及其他的人。……民眾在兩旁佇立觀看，似乎很尊敬讚嘆。」

到了艋舺碼頭，已有汽船等著馬偕，教友們站在碼頭上高唱：「我認識救主不怕羞慚。」兩個樂隊送馬偕一行到淡水，下船之後又送到淡水住宅，至此，艋舺一地可說被馬偕征服了。

進軍「平埔番」

當馬偕的傳教工作在台灣北部及西部的漢人社會之中略有基礎後，他開始注意當時台灣的原住民部落，第一對象是漢化較深，對馬偕而言可能較開化的「平埔番」。所謂番人，其實是漢人對島上原住民一種歧視性的稱呼，依原住民反抗或順從中國風俗的程度而予以分類，在東海岸的噶瑪蘭平原中有些原住民漢化較深，即所謂的「平埔番」，另有「南勢番」（主要在東南海岸）、「生番」（不服從漢人）、「熟番」（在西部與漢人雜居）等稱呼。

馬偕原以爲「平埔番」的性格不似漢人那麼固執，且較有感情，傳起教來可能較爲容易，但事實不然，馬偕接觸後認爲他們「都是異教徒，爲許多迷信所蠱惑，其品性因崇拜偶像而墮落，缺乏高尚的慾望」，傳教工作中所遭遇的困難與其他各處沒有什麼兩樣。

馬偕從淡水出發，越過雞籠以南的山嶺進入噶瑪蘭平原，沿途跋山涉水，艱苦不堪，若逢雨天，則必須在泥濘中前進，那泥濘「往往深至一呎半」。他們一行（馬偕和他學生）沿著山麓走。一天，在經過一個谷口時，忽然聽到一陣慘烈叫聲，一會兒，有個 漢人狂奔而來，告訴馬偕，他的同伴有四個人被「生番」刺死且割了頭，他則僥倖逃過一劫，馬偕等人立刻提高警覺，小心翼翼地前進，但在走出谷口時，還是碰上三個持槍「生番」的襲擊，目標是落在隊伍後頭的幾個長老，虧這幾個長老機警，趕緊躍入水中而躲過了一次突襲。

就這樣馬偕一行走到一個約有三百人的「平埔番」村子，受到的待遇是男人出來謾罵，要他們滾，女人和兒童則躲進屋裏，「嗾使豺狼似的狗來咬我們」。總之，全村沒有一個人願意聽他們講話，他們只好黯然離去。如此再經過第二、第三個村子，碰到的情況都一樣，搞得大家灰頭土臉，學生中開始有人表示灰心，倒是馬偕毅力堅强，仍舊堅定地往目標邁進。他後來曾經表示：「我在台灣北部的二十年中從未見過令人灰心的事情。」

首座平埔族教堂

終於，有三個從漁村來的青年注意到馬偕一行，自動前去表示願意帶他們到村子裏佈道，馬偕喜出望外，趕緊率一班人馬前往，在這三人的引介下，他們認識了村裏的幾位領袖，還一起吃了米飯和魚。到了傍晚，大家用船上的帆搭了一個帳篷，隨意疊幾個石頭，再放上一塊木板就成了講壇，馬偕準備好在「平埔番」村子的第一次佈道後，由一個青年拿了一個割去尖端的大海螺「廣播」召集村民，當晚，大家就這樣排排坐，吃果果，一起聽福音直到深夜爲止。

跨出第一步之後，傳教工作順利很多。不久之後，居民決定幫馬偕興建教堂，他們到「生番」地區採運木材，用泥土和穀殼混成磚頭，以草料覆蓋屋頂，就這樣蓋了「平埔番」的第一個禮拜堂。每天到了夜晚，聽到海螺聲響起，全村的人就前來聚會。馬偕爲這種現象雀躍不已，他曾表示深深爲三種人所感動——「第一種是沒有牙齒的窮苦老婦人」，「第二種人是少壯愉快的兒童」，「第三種人是辛勤勇敢的漁夫。」他們都是虔誠而純樸的信徒。

隔壁村子的人風聞此事，派了幾個代表來詢問，當他們聽到足足有二百人齊聲合唱的讚美歌之後深受感動，決定延請馬偕到他們村子講道，馬偕欣然同意——

「若是別人，我不知道他們會怎麼處理；我却編成了一個隊伍，由我自己和阿華領先，使教友們成雙行跟在後面。我們緩緩地循曲折的路徑走去，同時唱著歌。在我們短程旅行完畢時，我們合成一個團體，唱起了另一首動人的讚美歌。經過這樣唱歌和講道之後，我們征服了那個村子，村民決定要造一座教堂。

一座又一座的教堂興建起來，馬偕總共在噶瑪蘭平原興建了十九座教堂，都由本地牧師主持佈道工作。在「平埔番」社區的傳教工作可謂成果豐富。一八八八年，德國漢堡的博物學者Warburg博士來台灣採集標本，在和馬偕一起參觀了十六座教堂之後，他表示：「如果漢堡的人看見我所見過的情形，一定會願意捐款給國外的傳道事業的。如果懷疑的科學家們像我這樣和一位牧師旅行，目睹我在這個平原中所見的一切，那麼他們對於基督教的宣教師們一定會取不同的態度吧！」

以一個西洋人的眼光來看，「生番」獵取人頭的習俗十分野蠻而殘忍，但馬偕倒沒有因此而全盤否定「生番」的文化，他相當能夠站在「生番」的價值判斷基點上來看「生番」的所作所為，馬偕認為「這些『生番』沒有文明人及非文明人所通有的許多道德上及社會上的惡習。賭博和吃鴉片是很少的。除了在中國商人及邊界的人的惡影響毀壞了「生番」的淳樸之處以外，沒有聽到殺人、竊盜、奸淫等行為。」

與「生番」共渡耶誕佳節

在這種理解下，馬偕深入了「生番」部落，他和英國汽船Dwarf號的船長，在一位酋長和數位土人的引導下，登上了三千五百英呎的山頂，在「生番」部落就地搭了一個帳棚，並在外起火煮飯，一些「生番」的酋長和勇士圍靠過來。有趣的是，馬偕因為不像漢人綁辮子，而被「生番」視為同宗，逕呼「黑鬍子同宗」而不名。馬偕和船長唱詩篇第一百篇大衛的頌歌給他們聽，酋長們在一旁默默注視，直到馬偕入棚睡覺，而那些勇士們則像哨兵一樣地站立在外，終夜監視著這外鄉人，看看是否有可疑的舉動。

這是馬偕和「生番」的第一次接觸，大抵來說十分友好和諧，但往後在「生番」地區，馬偕並沒有獲得像在漢人或「平埔番」地區那樣子的成功。「生番」堅定地以自己的傳統價值生活，又由於地勢的阻絕和語言的分歧，他們也不容易有機會全面地接觸他種文化，在這種情況下，要改變自是十分困難之事。根據馬偕的記載顯示，他在這些地區大致只是個觀察者，有時會入境隨俗參加他們的慶功酒宴，看他們將人頭割回來時那種興奮激動的模樣；有時會和他們一道登山，一起觀賞山中各種動植物的奇景，但就是一直未能有計劃地將福音傳佈出去。有次馬偕和「生番」在山中一起共渡耶誕的情景大概可以說是他在此地佈道的一個縮影。

那次馬偕和一個學生柯玖和一位長老從新店渡河進入山區，在酋長家受到友善的歡迎，他們殺了一隻熊招待賓客，到了夜裡，酋長家裡燒起兩堆火，男人們在一旁抽煙，講故事，討論打獵和獵取人頭的計劃。婦女們則紡紗、搓麻線，談笑戲謔。不久，馬偕提議唱一首讚美歌「郇之歌之一」，大家也都很感興趣地聆聽著，馬偕一首又一首地唱，還請酋長之子將上帝對世人的慈愛告訴大家。那晚，據馬偕的回憶——

「那是聖誕節之夜，我們在沒有白種人到過的蠻荒之地，與從未聽過救主降生之事的男女及兒童在一起，對他們講伯利恒的嬰兒，拿撒勒及加爾伐利人耶穌的事情，不禁悲喜交集，不禁想念番人的悽慘的狀況，想念在許多基督教國家的人的機會和責任。他們在這一天都在唱聖誕節之歌——聽啊！天使唱高聲，報知新王今降生。」

馬偕在「生番」地區的傳道工作大致就是以這種散兵戰的方式進行，常常去，有機會就佈道。但畢竟沒有獲得全面性的成功。「這些番人在台灣深山中火堆旁最先聽到了關於上帝和天國的福音，我深信在來世會遇見他們。」馬偕說。

牛津學堂

馬偕深知以本地人擔任佈道幹部的重要性，除了語言、文化、生活習俗上的方便之外，還有一點是經濟上的考慮。他曾經表列出一個本地牧師和他家屬一個月所需花費的費用——

每個月的米　三・〇〇（墨西哥幣）

　副食　四・〇〇（墨西哥幣）

　薪炭　一・五〇（墨西哥幣）

　挑水及洗米　〇・六五（墨西哥幣）

　剃頭　〇・三〇（墨西哥幣）

　鞋襪及衣服　〇・三八（墨西哥幣）

　總計　九・八三（墨西哥幣）

九・八三元的墨西哥幣還不到九塊美金，這數字顯然低於一個外國傳教士所需要的費用。馬偕在種種考慮之下，決定著手訓練本地牧師，作為佈道工作的主力。

一開始，馬偕並沒有固定的上課教堂，「我們在台灣北部最早的學校，並非現在俯臨淡水河的那座名為Oxford College的堂皇建築物，而是在大榕樹下，以蒼空為屋頂的。」從登陸滬尾起到一八八〇年第一次返國為止，八年之間他共教育了二十二名學生，這些學生被派到各地去傳福音，而且他們的子孫也大部份都從事傳教工作。

一八八〇年，馬偕返國述職，在故鄉安大略省牛津郡募集到六千二百十五元加幣，在一八八二年七月興建完成了一座書院，取名為「理學堂大書院」，簡稱「牛津學堂」，第一屆招收了十八名學生，其中以農人最多，也有商人、船夫、工人、藥商等各行各業人士。開學當天，各地教會的傳教師及信徒、英國領事、清朝官吏、砲臺武官、英商等前來祝賀，場面十分盛大。

牛津學堂雖主要是爲了訓練本地佈道人材而設，但修習的課程除了神學與聖經之外，還包括了社會科學、自然科學、醫學等等，當時的師資陣容有：馬偕教聖經道理、聖經歷史、解剖學、地理學、植物學；嚴清華教馬可福音、中國歷史；陳榮輝教天文、地理；連和教中國字部及中國歷史；洪胡教希伯萊人書。而這些老師正是馬偕當年在露天場地教育出來的學生。此外，馬偕於兩年後又興建了一座女學堂，首開風氣之先，倡導女子學習新知。儘管當時女子教育並未受到重視，但女學堂第一屆招生時倒也有三十四名女生入學，成績不錯。

中法開戰．教會遭殃

教育是百年事業，馬偕致力於教育工作，其著眼點雖然主要在於福音傳播，但也爲當地帶來一些新知觀念，這對地方的發展多少具有催化的作用，這是馬偕在神學之外的另一貢獻。

一八八四年，中法兩國爲了邊界問題而交惡，當時法國未經宣戰就派了一個艦隊到中國海，轟擊福州及附近要塞，台灣因爲屬中國管轄，因此也成爲被攻擊目標，八四年夏天，幾艘法國軍艦到來，法人侵台的消息立刻傳遍台灣北部，台灣人驚慌之餘，立刻就將這筆帳記到洋人頭上，而這些信奉洋教的基督徒也因此遭到仇視，一些民衆羣聚，「揭揚黑旗、殺豬、喝酒、很有組織地幹著惡事。」一些隱藏在非教徒中國人心中的不滿情結至此發洩了出來。據馬偕回憶，憤怒的羣衆在大龍峒拆毀了教堂，就地造一個土丘，用一些磚頭築起一條八呎高的木椿，塗以黑泥，然後用漢字寫著—「馬偕．黑鬍子的洋鬼子，埋在這裡。他的工作完結了。」

當時一些教友雖遭如此迫害，但大多仍堅持基督信仰毫不退卻。有一對新店教會的六十多歲教友夫婦被帶到新店溪旁，要他們自己選擇，或者否認上帝，或者淹死，第一次不從，就帶到更深水處，再不從，再往前走，還是不從，終於殉教了。各地教友、牧師紛紛走避，連馬偕也接受了勸告暫時搭「福建號」輪船離開淡水赴香港避難，過了風頭之後，才又返回淡水。這時北部的一些教堂已受到嚴重損傷，馬偕到了雞籠之後發現「雞籠的教堂，除了垃圾以外毫無遺跡。」整個台灣北部共計有七座教堂被拆毀。南部教會則沒有受到迫害。

一八八五年六月戰事結束，法國人撤退，摧毀教堂的民衆欣喜異常，他們認為既然教堂已毀，那麼基督教就已被消滅了，趕緊四處散發這一類的訊息。馬偕倒沒有被這種情形擊潰，他列出一張教會財產損失的清單，呈送給當時中國軍的總司令劉銘傳，劉銘傳倒也十分乾脆，並沒有和馬偕爭辯什麼，當即付了馬偕一萬塊墨西哥幣的賠償金。馬偕利用這筆款項，在艋舺、新店、枋隙（大稻埕教會之前身）、錫口等地重新興建了四所帶有尖塔的教堂，並在尖塔前用灰泥作畫，上書「焚而不毀」數字。

這是台灣長老教會歷年來所遭遇過最慘烈的一次迫害，但結果不但沒有消滅馬偕的傳教工作，反而是越來越興旺。除了上述四所教堂之外，戰爭結束後，馬偕還增設了幾個佈道站，教堂數目逐年增加，從四十到五十，五十到六十，教友也越來越多了。教會人士將這種結果比擬為公元三一三年君士坦丁大帝時代「米蘭寬容令」的頒佈，它使得教會從此踏入一個新的時代，眞是「焚而不毀」了。

結論

馬偕一生充滿傳奇，他早年決定到海外宣教時還一度被視爲過度的宗教狂熱者，也有不少人抱著懷疑的眼光看他這項決定。畢竟，遙遠的東方對他們而言是神秘而不可知的。事實也是如此。由於體質、生活習慣、氣候等等的差異，一些傳教士來了之後，往往因爲無法適應環境而在健康上遭受了極大的威脅。馬偕人高馬大，體力充沛，他以這項天賦本錢加上超人毅力，終於克服種種障礙而爲自己的理想開創出一片天地，成爲台灣宣教史上第一人，最後病逝於淡水。他一生可記之事甚多，本文所述種種只能勾繪一個宗教探險家馬偕的大概輪廓。今天，基督教已逐漸內化成台灣本土文化的一部份，希望這些史料所呈現出來的面貌能讓我們有機會反省到——當基督徒挾著強勢的科技文明登陸台灣漢人與原住民社會之後，百餘年來，我們獲得的是什麼？或者，失去的又是什麼？

■註

／本文撰寫主要根據周學普先生所譯「台灣六記」一書（台灣銀行經濟研究室編印），該書譯自馬偕的英文傳記From For Formosa（由Mac Donald牧師編纂），此書尚有另一種譯本，書名爲「台灣遙寄」（林耀南譯，台灣省文獻委員會編印）。另外有關馬偕資料可供參考之中文書籍有以下數種：

1.陳宏文著「馬偕博士在台灣」（一九八二年，中國主日協會出版）

2.陳宏文譯「馬偕博士日記摘譯」（一九七二年，教會公報社出版）

3.徐謙信等三人編「北部教會九十週年簡史」（一九六三年）

4. 郭和烈著「北部教會歷史」（一九六二年）
5. 鄭連明等編「台灣基督長老教會百年史」（一九六五年）

馬偕醫師與北方三小島

/戴勝

在早期台灣史中，來台灣採集自然生物的探險家裡，傳教士並未扮演過重要的角色；尤其是脊椎動物的採集、鑑定方面，幾無可上枱面的人物。同時期的中國內陸呢？至少還有一位著名的法國傳教士、自然學家大衞神父（P'ere David）。而現在熟知的著名貢獻者如史溫侯（R.Swinhoe）、拉圖許（La Touche）等，在台身份泰半是商務代表、官員，晚期的古費洛（W.Good fellow），則屬於職業的探險者。他們的生物採集集中於一八六〇年至一九一〇年之間；一九一〇年之後，才換成日本來的博物學家，這期間我們舉列不出代表性的傳教士。

一八七二年時，雖然馬偕醫生在淡水設立博物室，自己也研究礦石，同時對一般動植物有基本的認識，但當時自然生物學已啓蒙，馬偕這方面的學養還屬小學生級。或許是這個原因吧！所以有關他對台灣自然生物的描述，素來少爲一般研究自然誌的學者們提及。我們好像也忘記了他去過北方三小島的冒險。但一八八六年，他在「台灣遙寄」中提及的北方之旅，卻是目前了解早期北方三小島自然生物最好的原始資料，其他較著名的來台自然學家都未去過那裡。只有英國的柯靈烏博士（C.Collinwood））做過一次「糊塗」的旅行，在「一名自然觀察者在中國海域的漫遊」（一八六八）裡，輕描淡寫地帶上幾筆，結果沒有人確切知道，他到底發現了什麼。

馬偕不是自然學者，他這次的旅行，卻充滿早期自然探險家的精神，而且頗清楚地描述了當時的生態環境狀況；從現今盛行的報導文學角度去檢視，這是一篇通俗而上乘的自然報導之作。縱使以自然學家的尺碼嚴苛要求，馬偕的表現也絕不輸給同時期的探險家；而且儘管這篇報導很短，但在缺乏其他相關的文獻輔證下，它已夠詳盡了。以下是這篇旅行的記述：

「遠離福爾摩莎東北方，基隆外海約一百哩處，有三座島，叫做Pinnacle Craig與Agincourt。中國人分別給予適當的稱呼，花瓶嶼、鳥嶼和大嶼（筆者：後二者即分別爲棉花嶼與澎佳嶼。）這些島嶼屬於福爾摩莎，但獨立自主。

花瓶嶼地表是不規則的裸石，毫無生機，沒有任何陸棲動物；高約一百七十尺，只能供長距離飛行的海鳥休息。

鳥嶼也不適合人類居住，但可確定是海鳥聚集成羣的家園，牠們隨時遮天蔽日。此島一方是險峻而崎嶇的石壁，離海面約二百尺，坡面上有兩三英畝的平坦台地，沒有灌叢和樹林，但覆著軟草，這使鳥類下蛋時不需任何築巢材料。我發現十二種不同的草，但沒有花。昆蟲方面，有可怕的蜈蚣和數種甲蟲，非常繁多。當然最具代表性的仍然是鳥類的生活，海鷗與燕鷗（Gulls& Terns）數百萬聚集。當牠們回島時，往往在上空先盤旋，然後像一襲長有羽翼的寬大披肩落下來。於是整個山坡表面覆滿海鳥，航海時這景觀值得一覽。但殘忍的人類破壞了這幅美麗的自然畫面。有一回，我們紮營那兒時，約有一打人從大嶼來採鳥蛋。他們的大籃子迅速滿載。黃昏，海鳥回來，棲息草地時，他們又帶著火炬來捉海鳥，塞入大袋子裡。然後帶到大石旁，點燃火炬，一隻隻海鳥在那兒打死，堆成好幾尺高的小山。海鳥悲泣慘叫與這種殺戮景觀令人作嘔。清晨時，他們整理、鹽醃，弄乾鳥屍；捉完海鳥後，他們開始獵捕大型的海龜，我們的水手向他們購買。回途時，甲板上堆滿活的、死的海鳥，完整與碎裂的鳥蛋；另有一個角落則躺著一隻五尺的大海龜，整夜像一個人在痛苦呻吟。這是什麼樣的夜晚啊！

大嶼比花瓶嶼、鳥嶼寬廣，離水面約五四〇尺，有十英畝的地是一百名中國人的家，他們來自福爾摩莎的基隆，住在島上一處石頭的矮茅屋，屋外有樹、灌叢、短草與花。耕種著玉米，以任何方式來煮食，但往往攪拌成粥。粟米、南瓜、黃瓜與豆子也有生長，這些與鹽醃的鳥、魚貝組成他們的食物。不像其他各地的中國人，他們不重視稻米。我看到的岩石堆上有跳躍的羊羣，但沒有其他動物。」

在這篇不到一千字的文章中，馬偕提及海鳥及海龜被屠殺的慘狀，大概是早期自然誌中最生動精采的一段，值得留爲日後見證。其他自然探險家或許是缺乏宗教的慈悲，還是當時自然保育的意識未興，他們除了取槍打獵，忙著蒐集外，毫無這類令人萌生惻隱之心的文筆。

馬偕醫生這篇報導，還有另一點重要性；從自然誌去追溯，十年後，一九〇六年，始有日本鳥類採集者去那兒觀察、採集。又過卅年，一九三六年，著名的野鳥觀察者榎木佳樹，才在「鳥類思出記」描寫北方三小島的旅行。一九〇一年，榎木搭船經過三小島。但他未登陸，只看到「一團黑影」的綿羊，還有聽一位老船長敍說，早年海鳥如何遮蓋天空的奇景。而日據時代迄今，關於北方三小島自然生物的棲息狀況，我們依舊只有一些零星報導。從生物地理學來評視，北方三小島或許不若蘭嶼的特殊性，但它們介於琉球與台灣之間，是某些候鳥進入台灣的踏脚石，光是這二點，縱使三小島在普通地圖上只有螞蟻大，但仍值得我們效法馬偕的旅行，去做年度性或季節性的自然觀察，記錄下現今的狀況。免得後人追溯時，我們的時代也是一片空白。

甘爲霖

昇自瘧患中的奎寧樹

——宣教士甘爲霖的歷史之旅

／孫慈雅

台灣基督長老教會在一九八一年（國際殘障人士年），突破世俗的觀念，按立一位輪椅上的牧師。

就台灣基督長老教會一百二十多年的歷史而言，按立殘障者爲牧師，誠然是一大創擧，但事實上，在距今一百年前的十九世紀末期，南部台灣的第二任宣教師甘爲霖牧師，早就對殘障者的人性尊嚴賦予最高的敬重與眞正的關懷，奮鬥不懈地推動台灣的盲人教育。

第一位前往澎湖宣教的牧師

甘爲霖（Rev.William Campbell,P.D.）在一八四一年四月誕生於英國蘇格蘭西南部的格拉斯古（Glasgow）。在當地接受四年的大學教育及四年的神學教育之後，曾在國內傳道一段時間。三十歲時，受英國長老教會差派來台宣揚福音，並於一八七一年十二月十日抵達打狗（高雄），隨後以台灣府（台南）爲中心向外圍拓展傳教工作，在台四十六年，八十一歲於故鄉Bournemouth逝世。

由於特殊的地理環境與氣候條件，每一位不遠千里來到台灣的外籍宣教師，在面對文化差異、語言隔閡的寂寞煎熬下，必須隨時準備承受感染流行疾病的痛苦；艱難的交通及半途來襲的番害，也是傳教士工作無法順利推展的主要因素。在這種危機四伏，天不時，地不利，人不和的環境下，若不是具有堅毅、勇敢的熱心與愛心，是無法完成使命的。繼馬雅各醫生（James L.Maxwell）在南部台灣的創設與開拓之後，身材適中、有事業氣象、美髯長垂、眼光慈祥的甘爲霖牧師便是一位如此特殊的接棒人選。除了繼續爲教會奠定更深厚的根基外，更積極部署教會的建設與開發，甘爲霖牧師在南部台灣的貢獻，猶如同時期在北部台灣開拓教會的偕叡理牧師（馬偕），兩人遙遙相對，號稱南、北教會（以大甲溪爲界）的支柱。

甘爲霖牧師在台灣工作的最初兩年，受派在較開化的山地民間傳教，負責的工作也只是主持聖餐禮拜，爲信徒施洗，按立長老等例行職務，但由於使命感的推動及對台灣鄉土的熱愛，他經常排除萬難，拓展教區。信徒被他的精神與愛心所感動，爲護衞他的安全而陪他到各地視察教會，抵抗半途中來襲的番害。當時交通相當困難，步行是唯一可靠的辦法，就以甘爲霖牧師經常視察的中部山地教會而言，由台南到埔社（埔里一帶）需要步行九天；台南到內社也要步行六天，東勢角（台中縣東勢一帶），葫蘆墩（豐原一帶），牛馬頭（清水一帶），大社、彰化地區，頭社、烏牛蘭等地，他依然常去；他曾經巡視北部的五股坑教會、艋舺教會；訪問過宜蘭平野；且與東海岸的排灣族相處甚歡；南部的番仔田、東港、木柵、柑子林、崗子林、拔馬、竹仔脚、新港、樹仔脚也常見他的足跡。甘爲霖牧師在台灣四十六年的傳教生涯中，除了視察教會工作外，也曾在牛挑灣設教，在彰化區域的西門設教。值得再提的是，甘爲霖牧師也是第一位到澎湖傳道的宣教師。他由大社向西南方步行三天，到達東石港搭帆船往澎湖諸島（吉貝嶼、大島、鳥嶼、白砂島），設立教會，且促成第一個由台灣自辦的「澎湖宣道會」於一八八六年創立。

白水溪事件

台灣人普遍對外國人抱持一種「爲經商牟利或某種利益而來」的不良印象，且對外國人有著强烈的排斥心，與早期來台灣的外國人一意孤行、不尊重台灣意向的蠻狠、惡劣行爲有關。最不幸（或說不應該）的是，基督教的傳入，常常與外國的軍事干預、經濟侵略及不平等條約同時並進，導致所有拜條約之賜來台灣傳教的外國人，無一倖免地必須面對台灣人憤怒攻擊的挑戰。台灣人的反外情緒，加上基督教的一神論和禁拜偶像的教理，對普遍相信祭祖是孝道的主要行爲的台灣人而言，顯得格外刺眼。此外，本地人一旦成爲基督徒，就不再參與分擔地方上節期性迎神賽會奉獻金的作法，常常也是非基督徒最不能諒解的地方，於是編製各種批評、諷刺的成語、歌謠來嘲弄基督徒，例如：

「ABC，落教的偸掠豬，掠幾隻?掠二隻，
落教的偸挖壁，挖幾空（孔）?挖二空，
落教的偸嫁翁（夫），嫁幾個?嫁二個，
落教的偸吃蝦，食幾尾?食二尾，
落教的偸印粿，印幾塊?印二塊，
落教的拜上帝，拜幾擺?拜二擺，

落教的去食屎。」

可想而知，要增加信徒數，實在不容易。於是來台灣的宣教師，常常以學習本地語言爲第一要務，同時致力推廣各種醫療、教育及社會服務的事業，填補台灣社會的需要，以博取好感。

一八七三年秋天，甘爲霖牧師來台灣將滿兩年之際，有一次，由打狗的英國領事布洛克（Mr.T.C.Bullock）和美國密西根大學博物學教授史廸爾（J.B.Steere）陪同下，前往埔里社視察教會，同時遊訪日月潭，擬進入埔里社東方的生番地帶探險，當時埔里社的熟番和生番間因爲交易問題而發生糾紛，他們三人對情況一無所知，到達Tur-u-wan社時，不但被拒絕進入，且在歸途中被六十名生番包圍，無計可施，只能坐在石頭上空焦急，後來因爲史廸爾的勇敢與機智——將樹葉固定在距離十二碼遠的樹幹上，以快速、純熟的槍法，發射子彈洞穿樹葉與樹幹，使得環繞周圍的生番在既震驚，又心服的情況下，自動撤除包圍，讓他們平安離去，這可以說是一次有驚無險的遭遇。

一八七四年是甘爲霖牧師死裡逃生，永難忘懷的一年。先是由於英國公使魏德（Mr.Wade）協助調停日清間因牡丹社事件引起的戰爭有功，提高英國人在台灣的聲望，甘爲霖牧師因此能在嘉義租到房子（雖然以鬧鬼聞名），作爲傳教的新據點。後來附近的平埔族信徒想在白水溪建立教堂一事，引起當地居民不滿，頭目吳志高唯恐村民入教以後不再服從他的統治而出面阻止。首先藉口教會聚會地點，破壞了四分之一哩以外，他小老婆墳墓的風水，所以派四十人攻擊、搶劫教會，且放火燒毀信徒房屋數戶。甘爲霖牧師獲得消息，趕回白水溪，招集基督徒一起禱告。當天晚上，吳志高的黨徒放火焚燒教會，想把甘爲霖牧師燒死在教堂內。甘爲霖牧師對這段經過有詳細的說明：

「半夜之後，我被喊聲所驚醒，我的臥室與會堂相連，會堂已經著火。從竹柵做的窗戶望出去，我看見一羣凶暴的流氓放火焚燒會堂和我們住所的屋頂。這是吳志高的人又來行凶了，他們手持長刀，黑色的臉，在教堂的火焰中影影綽綽，活像一羣魔鬼。

我料想他們不敢打擊外國人，所以想衝出門去，但是立刻被指向我的長矛所逐回，在剎那之間，我用手中所抱的棉被保衛自己，不得已退回房間。站在床邊的時候，一支長矛飛將過來，刺到胸口，距心臟只有一吋，另一矛刺中了我的大腿。

此刻房裡已充滿煙，乾草舖的屋頂也已著火了，會堂全在火焰的包圍中。暴徒們舉著刀矛等我逃出去，但出乎意料地，他們忽然向右邊退去，因爲那時起了風，他們耐不住煙焰的薰炙。（關於這部份，還有另一種說法是，甘爲霖牧師把被窩捆成一團丟出窗外，暴徒在黑暗濃煙中上當，以爲那就是甘爲霖牧師）。

我身上只有睡衣，就逃出門去，爬過左邊的一個土崗，跌落坡下的淺水溝中，我一半失了知覺躺在那裡有一兩分鐘，因爲寒冷，周身發抖。」

甘爲霖牧師後來逃到一個山麓，藏匿一夜。事後吳志高的四名黨徒被捕下獄，並被罰賠償教會一百元。

以醫療服務推廣宣教工作

這時多數宣教師相信傳教事業與醫療服務有極密切的關係，首度來台灣傳教的馬雅各與馬偕均能善用此種巧妙關係，促進傳教工作的推展。早期傳教活動對醫療領域之重視，可以由下面的事實再次獲得肯定：一八九五年以前，受派來台傳教的二十名男宣教師中有六名具有專業醫師的資格，比例高達四分之一强；一九四五年前，六十名男宣教師中二十一名是專業醫生，比例增加爲三分之一强；至於女性宣教師則更多半負有護士職責；說台灣教會的初基是由醫療傳道奠定成形，並不爲過，今日基督教醫院林立的現象，便是明證——台北的馬偕紀念醫院、彰化基督教醫院、台南的新樓基督教醫院及屏東的恒春基督教醫院，都是長老教會的附屬機構，且赫赫有名。

多數來台傳教的宣教師，最難適應的就是台灣的環境、氣候與公共衞生的問題，不少宣教師因爲生病而不得不返國，甚至有宣教師及其家人因爲感染熱病而死在台灣。甘爲霖牧師也曾因爲種種困境的折磨，精神衰弱至無法工作。他雖然不是醫生，但由於具備醫藥常識是宣教師共有的特質，因此也曾治癒生番族的大頭目阿力的熱病，而贏得友誼。

宣教師對於醫療傳道的觀點看法不一，有極力支持者，也有反對到底者；基督徒中也有人抨擊醫療服務是非福音性的職業，不必花費太多精神在其上。儘管有人只對醫療有興趣，完全不理睬福音，對致力傳教的宣教師及基督徒而言，掌握每一分每一秒的傳教機會，才是眞正的目標。事實證明許多人確實是在生病期中成爲基督徒，足見醫療服務確實是推展傳教事業不可或缺的手段。

台灣第一所特殊教育學校——訓瞽堂

一八六五年至一八七三年，將近十年的傳教經驗，只建立十四所教堂，獲得九百三十一名信徒，這樣的結果無法令宣教師滿意，經過多次檢討，發現：信徒多半來自社會中貧窮又未受過教育的下層人士，素質、水準上的差異，引不起讀書人的興趣，傳教工作自然不容易拓展，因此後來的傳教工作都非常重視教育問題。基督徒傳入台灣最顯著的貢獻之一，就是在教育方面建立新式學校，引進新科學知識，提高台灣人的智識領域，厥功至偉，甘牧師則再接再勵地以他獨特眼光另闢盲人教育的領域。

甘爲霖牧師巡迴傳教途中，遇見很多盲人，（超過一萬七千人），發現他們普遍以乞食或相命爲生，因爲沒有人尊重他們的價值，沒有人關心他們的境況，許多人甚至認爲他們是遭天譴人的人，而鄙視他們，排斥他們，所以他們多半勉强存活，活得沒有尊嚴。從學生時代，他就已經注意到盲人教育相當重要，因爲無論是收養或救濟都只能算是消極性的幫助，設法使他們獲得謀生技能與知識，建立他們的自尊與自信，才是積極的根本之道，所以決心要努力教育盲人，爲他們開創新天地。

約在一八八三年左右，他開始研究適合厦門一帶及台灣盲人使用的點字法。一八八八年間在倫敦籌刊「點字初學書」、「馬太福音書」、「廟祝問答」等以厦門音羅馬字浮凸印刷書，以便推進盲人教育。後來由於書本印成後過於厚大，改採布萊爾的點字法（The Braille System，一八三七年法人Couis Braille設計的六點式標準點字）印刷較輕便的版本。英國是西方國家中第二個實施盲人教育（一七九一）的國家（第一是法國），因此樂於幫助甘爲霖牧師推動台灣的盲人教育。在他第二次回國休假期間（一八八七～一八八九），格拉斯古的自由教會學院（Free Church College）宣道會，籌募五百英磅協助他的工作。一八九一年，在台南市內洪公祠租房屋，開設台灣島上唯一的盲人學校——訓瞽堂，聘請林紅爲教員。

一八九六年，由於五年的租期將屆，甘爲霖牧師在前往東京渡假時，曾訪問首任台灣總督樺山男爵，切望他援助台灣盲人教育的工作。一八九七年春天，台灣新任兒玉總督下令在台南莊惠院創設官立盲人學校，指派在長榮中學任教的日本基督徒秋山衍藏爲首任校長。學生可以自由參加教會禮拜，或於課外時間接受基督教的教訓。一九一五年新校舍成立，兼收啞生，成爲盲啞學校。甘爲霖牧師的玉照懸掛在校長室以資紀念。次年，他應民政長官的邀請到台北演講，所得數千元悉贈該校，對盲生鼓舞極大。因此，在他離開台灣前，有三、四十名男女老幼的盲人設宴餞別，並贈以銀竹筏。

專心撰述台語字典與歷史

早期宣教師的重要成就，本不在爲多少人施洗，而在爲後來工作奠基。許多懷有相同理念的宣教師莫不抱着熱烈的決心和誠摯的行動，在傳教之外，爲台灣文化作過許多貢獻，有名的如：荷蘭宣教師干治士（G.Candius）、尤羅伯（Robert Junius）、倪但理（Daniel Grarius），以及晚近的馬偕、巴克禮（Rev.Thomas Barclay）等均屬之。甘爲霖牧師由於個人興趣及天賦使然，著作等身，可以說是這些人中的佼佼者，一方面積極推展傳教工作，一方面專心寫作，介紹台灣。

首先介紹一九一三年在台南發行的「厦門音新字典」（第二版），他以一萬五千個漢字注音並解說，對台灣、閩南民衆裨益極大，對台灣文化界、戶政單位、法院、一般社會都有很大的貢獻，當初發行一千部，洛陽紙貴，今在台灣有修訂版（甘牧師在退休回國前，將該字典版權交付台南教士會），仍是大家愛用、最方便的工具書。

其次介紹有關台灣文獻的重要資料。一八八九年在倫敦付印「台灣傳教之成功」

（Missionary Success is Formosa 一六五〇年在英倫首度出版），是十九世紀中以英文出版的有關荷蘭人在台灣傳教最好的史料之一。一九〇三年出版畢生大作「荷蘭治下之台灣」（Formosa under the Dutch），研究荷蘭期台灣史事。全書包括三部分及卷末、附錄。第一部：台灣一般概況，包括國土、住民、貿易、宗教等。資料來源：譯自荷蘭殖民地史權威者法連丹（Franco is Jalentyn）的「新舊東印度誌」第六卷中的台灣篇；同時轉載干治士「台灣略說」（Shot Account of the Island of Formosa, 一七七四年編，這是歐洲人記述有關台灣的最早著作之一）。第二部：台灣佈教報告書彙集（Notices of Church Work in Formosa），資料譯自葛羅特（J.A.Grothe）「早期荷蘭傳教史料類纂」中的台灣篇；也包括尤羅伯的「基督教要理問答」及講道篇。第三部：「中國之台灣征服」，取材自C.E.S.「被忽略的台灣」。卷末的「台灣書誌」所載關於台灣文獻內容相當充實，同時也是甘爲霖牧師唯一敢自負的說：這是研究台灣史的必備資料。

一九一五年在台南脫稿，在英倫出版的「台灣見聞記」（有譯爲「台灣素描」、或「台灣概略」，Sketches from Formosa）

關於教理方面的著述包括一八八八年複刻倪但理在一六六一年印的「台灣新港語馬太福音書」；專爲盲人印刷的「點字初學者」「馬太福音書」與「廟祝問答」。一八九六年重新增編「法波蘭語基督教要理問答書及字典」。一九〇五年以羅馬字印行的「治理教會」。

誠如一九四二年日本人國分直一所說，「甘氏研究，依然保持權威」，他的著作與研究，不僅提供治台灣宗教史者重要資料，研究一般史事者，也可以從中獲得不少資料。

爲了表彰甘爲霖牧師在台灣長年傳教過程中，做爲歷史家、字典編纂家、福音宣傳家的功績，加拿大多倫多諾克斯神學院（Knox College）於一九一五年九月贈予神學博士學位。

日本人對於甘氏的才能頗爲看重，特別是有關台灣早期歷史的研究，曾邀請甘氏到台北爲政府大員、紳士連續演講四個晚上，主題包括：台灣歷史資料、荷蘭佔領台灣、中國對台灣的統治及日本最初的殖民地台灣。日本政府曾先後兩次以「勳五等雙光旭章」及「勳四等瑞寶章」表揚他創立盲人教育之功績及在台灣的各項貢獻。

甘爲霖牧師將他一生中最美好的歲月（三十～七十六歲）完全奉獻給台灣，在台四十六年中，前後共休假返國五次，每一次休假其實都忙着印刷、出版，開拓盲人教育，爲台灣史的研究創立楷模。

拉圖許

赤蛙・大象・原住民

——自然科學家拉圖許的徒步之旅

／戴勝

對早期的自然科學家而言，一座被海水隔絕、孤離的大島嶼，往往意味著那兒可能棲息著尚未被發現的自然生物。牠們因爲封閉的生態環境，經過百萬年的進化，已獨自發展出特有的生存方式。

這兒當然也是自然科學家最嚮往的地方。例如遙望非洲大陸東海岸的馬達加斯加，緊靠澳洲大陸旁的紐西蘭，散落在太平洋東岸的加拉巴哥羣島，都是典型的生態孤島。

台灣的地理位置如同前面的幾處，島上二百多座三千公尺的高山，也一直被早期的自然科學家期許著。於是自台灣開埠以後，輾轉從中國海岸橫渡台灣海峽前來的探險家，絡繹不絕。十九世紀中葉以後，較著名的探險家有史溫侯（R.Swinhoe，英國第一位駐台領事）、史蒂瑞（J.B.Steere，美國密西根大學教授）等人，但他們共同的缺憾是，未曾橫越「黑暗世界」——中央山脈；佔據台灣三分之二土地的山巒仍未被深入探查。這是台灣自然探險的啓蒙期，直到十九世紀末葉，中日甲午戰爭後，進入第二階段，自然探險才有新的開拓。而啓蒙期最後的代表人物，是中國自然學史裡，赫赫有名的拉圖許（John David Digues La Touche 一八六一—一九五三）；他像一顆孤獨的流星，悄悄地劃過台灣上空，爲自然誌留下美麗的驚嘆號。

第一次探險第一回——錯誤之旅

拉圖許，英國人，但小時生於法國中西部的城市都爾（Tours），所以有個英法的混名。長大後，他回英國受教育，廿一歲時抵達中國，任職於英國皇家海上貿易海關，未料這一待就是半甲子，直到第一次世界大戰後，始退休回愛爾蘭長住。

拉圖許對一般自然歷史事物都感興趣——早期的自然科學家泰半如此，鳥學尤爲嫻熟。在中國的卅年間，他做過廣泛的鳥類調查與採集。但台灣的自然學界人士，最熟悉的，可能是他獨自三訪台灣的探險故事。我們如以他走訪台灣（一八九三～一八九五）爲分界點，來台之前他在中國的探險，只局限於福建的初步探勘，離台後，才開始做大幅射狀的中國內陸旅行。

最初他先在福建待了三年半，這期間主要在沿海與閩江兩岸旅行；緊接著，立即展開著名的台灣之旅。

拉圖許第一次來台，最先登陸的地點是古城安平，然後一路向東，在台南附近滯留一個星期（一八九三・十・三十一～十一・八）。不過，他的第一次探險並不順遂，因爲採集到的鳥類總數並不多，尤其是愈近內地時。現今的野鳥觀察者出去旅行，往往也會遇見探訪區鳥況甚壞的情形，拉圖許的探險是最早的「典範」。

他原本計劃要去六龜，以六龜的地形環境，加上時節的配合，應該會有所豐收。但他在探險途中，獲悉霍斯特（A.P.Holst）早在前一天已去那裡；爲了怕重覆採查的路徑，臨時改變行程，進入「月世界」附近的惡地形，遂導致這趟自然探險的失敗。

霍斯特係瑞典探險家，幾乎與拉圖許同時到來，當年他是在韓國等地採集後來台，最後還登上阿里山，是早期探險家中，最早深入高海拔山區的人物，但礙於時間緊迫，並未採獲許多特殊的自然生物，只捕到著名的特有種黃山雀，隔年便因病逝世。假若未辭世，霍斯特可能會如計劃登上玉山，台灣的自然學史也將改寫。

拉圖許第一次探險，唯一的成就，或許是發現了一些貝殼與動物化石，最引人注目的是大象；但他急著上路，做第二次探險，未逗留下來研究。

這一趟探險，他從安平出發，經過台南、舊社、關帝廟、烏山、最後抵達木柵村。這也是日據時代的關山越嶺道。前三天，他先在台南和搭船而來的艦長沿著海岸打獵，射擊岸鳥與平地鳥類，但都是史溫侯早先發現的鳥類。於是，他和住在安平港的英國領事班恩（Bain）一起騎馬向東，在台南換搭轎子前往內地。

拉圖許有一支文采生動的筆，在這趟旅行下做過如下的描述，不僅重現百年前嘉南平原的風貌在我們眼前，而且讓人清楚地了解他每時每分的旅行狀況，這種「航海日誌」式的寫作，對現時從事自然歷史回顧工作的人而言，值得我們仿效，無疑是比對今昔生態環境的最好素材。

「十一月三日，巴恩先生和我騎馬前往內門鄉木柵村。我們沿寬平的軍用道路走，騎了一陣舒服的郊區路程。抵達台灣府的街道時，才改換成轎子。我注意到一些商店的籠中鳥——畫眉、雲雀與八哥。有一兩隻病容懨懨的牛背鷺，一身暗淡的冬羽，站在骯髒的小路。在一些中國城市，這種情形並不常見——以廈門爲例，遇到這些鳥時，牠們往往是毫不在意的站著，或漫步於汚穢的路面。

離開台灣府後，我們穿過風景綺麗的鄉間。路況有時狹窄成小徑，多半時候甚為寬闊，兩旁緊鄰著林投叢與南方的植物羣，引向漂亮的甘蔗田平野，這些甘蔗林約十至十二尺高。我們抵達一處如畫般的村子，座落在竹叢裡；高大多刺的竹林將它與路阻隔開來，附近有生長良好的芒果樹，優美的伸開枝椏；雖然不多，但每顆樹幹都高壯結實，樹葉繁茂，生就一付怡人的樹姿……。

「近黃昏時，我們迅速向上爬。由於霧靄已降下來，籠罩在大地，我們放眼望去，只看到一團陡峭的山巒，除了南方山坡地是藍色的黏土，其他地方覆滿濃密的樹林；它們的輪廓在雲靄中逐漸模糊，如潑墨渲染，最後消失於黃昏裡。我們穿過一處帶狀的森林，抵達山頂；然後，在半黑暗中緩慢下山。今天，木柵村仍難以到達，我們好不容易摸索到一家小旅店，在那兒渡夜。小旅店雖不是好的休息處，但已比我預期的好得多。它至少已有一個小房間，讓巴恩擺下他的睡袋；我也在隔壁的大睡舖找到空間，掛上吊床。

隔天早晨，曙光未露，我們已興沖沖地起床，出去看小旅店附近的地形。旅店後面有一面黑色的泥牆小倉庫，四周是竹叢。我們俯視木柵村山谷，全景非常壯觀。下面的斜坡依舊險峻，山坡披著蒼翠的熱帶林相——各式各樣的樹種繁茂生長。左邊有山谷，起伏不平，有一邊是陡峭的小丘單獨矗立，其他組成另一串相對的山脈。右邊是已開發的田地，集聚著竹叢的地方有農舍依傍。它們四處稀疏散落，在稻田中。這平原似乎往南沿伸下去，很可能一直延伸到打狗。在這些地貌後的木柵村，座落東北方，整齊地半隱在樹羣與竹叢的林帶裡。眼前的系列高山，包括我們站立的共六座，它們相互平行，但愈往東的海拔愈高，直升到二千多公尺的山區。入夜前，巴恩用氣壓計測量，度數為 29.30，這表示小旅店坐落的山脈約在海拔五四〇一六〇〇公尺的高度。當地人叫這裡烏山（O.Soa）。」

拉圖許後來在高雄、屏東探險時，也住進平埔族的村落——萬全村，而且和排灣族的原住民往來。當時，滿清政治對洋人進入內地，與「熟番」、「生番」接觸非常敏感，曾有法令規定，不准洋人隨意進出，以免遭到意外，造成外交事務的問題。所以，拉圖許一離開大城探險，往往也要向滿清政府辦理「請蓋印執照，註明赴何處字樣」，才能前往內地。他也非常小心，在南北的探險時，往往寄居傳教士安排的住處，並由傳教士口中獲悉較安全的採集地。但現今熟諳台灣海拔與自然生物分佈關係的人，光是看他的旅行地點，大致可猜出他勢必失敗，縱使換別人去也一定如此，因爲當時嘉南平原已無森林，除了稻米、麥田外，那兒只有一些如中國內陸丘陵的矮山，何況那兒是禿裸的惡地形地帶。

這是一趟錯誤之旅，比起他後來的高雄、鵝鑾鼻探險，顯然欠豐收。我們只是透過一位自然探險家的眼光，了解百年前台南附近鄉村平原的自然風貌。

第一次探險第二回合——豐富之旅

拉圖許離開台南後，隨即搭船前往高雄，做第二回探險。

這次他在大武山山脚滯留近一個禮拜，同時在來回途中遇見不少目前特殊而罕見的鳥種，如熊鷹、水雉、白頭鶇、黃鸝與八色鳥，同時找到以他之名鑑定出的新兩棲類：拉圖許赤蛙。

拉圖許抵達時的高雄，仍有不少沼澤與紅樹林；他先在目前高雄第一所天主教堂的現址小住，從神父那兒獲取萬全村的資料。然後，僱請挑夫與苦力，經過大寮，涉過高屏溪與東港溪，抵達萬全村，這時已近大武山山脚。當時定居萬全村傳教的柯勒門（Colomer）神父，他為拉圖許安排在教堂旁住宿，這所教堂也是現今台灣最古之天主堂。

安定下來後，每天早晨，拉圖許和一名平埔族的嚮導和獵狗們去大武山山脚打獵，有時也有三四位獵人陪同。拉圖許在第二天時，隨即遇到排灣族的原住民，由於當地的排灣族和萬全村的人正處於戰爭狀態，拉圖許虛驚一場，曾有如下的描述：「十一月十二日，星期天，要做禮拜，沒有人要去森林。由於天破曉前必須出發，在太陽照到西南的山坡前，趕到山頂。我知道情形後，改變原計畫，換到北方八公里外的一處林子。那兒有廣闊的蔗田，聽說雉雞科不少。英那許（平埔族獵人）帶一隻訓練有素的土狗伴隨，牠進入蔗田驅物十分邁力，但只捉到一隻野兔和三隻鵪鶉。其中一隻羽色較淡，可能是三趾鶉？我射到一隻畫眉。

由於時間仍早，我沿著溪邊漫步，前往峽谷，希望遇到那些鳥類。未走多遠，看到溪邊的大石後，有些人在偸瞧我們。我指給英那許看，他說：「番仔！」迅即用一種怪異的嘶喊，對方也以同樣的聲音回應；接下來，簡短的對答，英那許跟我說，這些人與他認識，很友善，正要外出捕魚。於是，我們穿過林子與他們會合，準備將帶來的野豬肉分食。大石後走出來兩位攜長矛的人。當我們向他們招呼時，又冒出兩位，他們與英那許不停地聊天，貪切的檢視他袋子裡的東西。有三個人持長矛，長矛用竹子製成，矛頭為鐵皮。其中有一位的矛頭呈倒鈎狀，看來非常銳利，足以致命。其他兩隻長矛，有羽飾繫在長圓的矛頭上。第四個人攜的是平埔族常用的，後座力甚强的土槍。槍座與我的相近，但槍身長而尖端圓細，整隻槍嵌有黃銅的鉛條。在我要求下，那人卸下子彈，總共是三顆粗圓的小子彈，和我的不一樣。他們在等候一隻野豬或鹿？或者是一個中國人也說不定——只要機會出現。除了長矛與槍外，每個人隨身都佩帶了長而寬的扁木彎刀，裝在金屬纏繞的薄木板刀鞘裡。平埔族也使用這種武器做各種家事。有兩位年輕的小男孩加入這個聚會。土著們較短小，但長相好看，大眼睛、面容優雅，舉止有禮。他們迫切地想從我身上獲得任何彈藥。我給了一些彈夾，他們輕蔑地拒絕。聊了一陣，他們離去，說要回家吃晚飯。分手前，我射到一隻芒草上的番鵑，讓他們歡愉地見識我的槍隻威力。」

在這趟旅行中，拉圖許也悟出到台灣的探險心得，很可惜，他也未實踐，主要原因並不在於他的意志與體力，而是正逢甲午戰爭後，日本人開始佔領台灣。在萬全村的最後一夜，他寫道：

「中午，我回去整理樣本。有人又帶來一些鳥類，其中有隻黃尾鴝。第二天清晨，我將離開萬全村，對此行，我並未失望，因爲這裡正如來時的期待。萬全村離森林非常近，這使它變成一個很適合的採集地點。當地居民雖然熟悉地形，但對野鳥採集只有一點用處。無疑的，爲了在福爾摩莎採集成功，一名採集者必須深入山區居住；堅強的毅力與土著的協助也絕對必要；他更須離開中國助手與僱夫，獨自到土著的部落。」

第二次探險——信天翁之旅

二個多月後，一八九四年二月初，拉圖許又搭乘「緝私號」來台灣；雖然只待了兩天，但收獲頗爲可觀。這次他抵達的地方是鵝鑾鼻。

「緝私號」從廈門出港，由於風浪惡劣，在漁翁島避風、錨泊；結果他看到許多短尾信天翁和牠們的幼鳥，這是台灣有史以來，第一次有這種鳥的記錄；一九四〇年代以後，台灣海峽已絕跡。隔天清晨，他搭小船登上鵝鑾鼻，在燈塔附近的林投林打獵採集，結果看到另一位博物學家史坦因（F.W.Styan）在大陸新鑑定的台灣特有種：烏頭翁，鳥學界人士咸信這是台灣第一次野外的最新鑑定記錄。同時，他也在燈塔裡看到看塔人捕獲的藍腹鷴。藍腹鷴會在如此近海而低海拔的地區被發現，現在讀到更令人吃驚。

第三次探險——淡水河之旅

拉圖許結束南台灣的全部旅行後，隔了九個月，再度從廈門搭船赴淡水滯留十個月，做北台灣的自然生物調查。這段期間，他泰半住在淡水馬偕醫師生前搭建的醫院裡。元月與三月時，分別搭船上溯大稻埕、大溪採集，其他的時間則在大屯山附近旅行，偶爾也到馬偕私人的自然圖書室參考資料。

他的北部探險和南部時有顯著差異。除了時間較長外，未再僱請獵人，多半時候依靠自己工作。

這時台灣已割讓日本，日本軍從澳底登陸北部（一八九五年六月，日軍佔領台北，七月攻大溪。），他只能在大溪附近山地短暫停留，走馬看花地經過原住民地區，唯一的收獲，或許是擴充卅年前史溫侯的調查。但他在報告裡强調，離島蘭嶼是個值得探查的地點，過去一直未有探險家前去；拉圖許特別推薦。兩年後，日本第一位來台的博物學家多田綱輔南下時，遂順道拜訪，開啓了蘭嶼的自然採集之風。當時，日本認定蘭嶼是他們新國土最南的疆界，擁有熱帶的自然風貌；所以日後日本自然學家不斷湧去，寫下了不少傑出的各類蘭嶼博物學報告，直到太平洋戰爭爆發，才研究中斷。

由於台灣島上的戰爭仍持續進行，拉圖許無法深入山區，只好打道回中國大陸，結束全部的台灣旅行。十年後，另一位英國探險家古費洛（Walter Goodfellow）來台時，才完成他與早期探險家的好奇，成功地攀登上玉山，並發現近一半的台灣特有種鳥類，包括國際知名的帝雉。

「大幅射」的中國內陸之旅

嚴格說來，拉圖許的三次台灣自然探險並不出色，反而是經過這次失敗，回到中國後，才做出被世人認可的傑出報告。

這時他開始做不屈不撓的「大幅射」旅行。一八九九年，他花了二十五天，參照另一名偉大的法國探險家大衛神父（發現熊貓的人）走過的旅行，與探險家李凱特（C.B.Rickett）一起深入，再度重走調查福建山區的自然生物相。一九〇七年，他又發表自己在浙江的鳥類調查。五年後，發表長江口佘山的鳥類報告，這份調查與他後來在秦皇島的調查合集，成爲當時中國海岸候鳥遷徙最確實的資料。

一九二〇年代，他在中國的最後之旅是雲南省，結果他在那兒也因政治、戰爭的關係，探險的工作並不順遂。最後他將這些地區的探險資料，結集爲「東方中國鳥類手册」一書，這是當時中國最重要的一本自然著作。

雲南之旅結束後，他回到英國，時常出席鳥類會議與各類自然探險的集會，口述自己的東方經驗。一九三五年冬初時，他搭船回愛爾蘭時，病逝於上海，享年七十四歲。

由於拉圖許未曾留下其他自然著作，只有鳥學報告，我們已無法確切知道住在中國卅年的他，對中國是怎樣的情感。還有台灣的三次旅行，日後的感受如何，也未在文獻中提及。

從自然探險的角度再度評估，他和史溫侯，還有同期的自然探險家都是「失敗者」，因爲沒有人穿越中央山脈或登上玉山過；但他曾將史溫侯時代的鳥類記錄添增爲二六〇種，成爲日人據台後，自然探險家的主要參考依據。他的報告也讓後來的「鯨魚專家」堀川安市、「鳥學博士」黑田長禮、七訪大雪山死於太平洋戰爭的鹿野忠雄，以及光復後台灣的自然學家們踏著早期探險家的足跡，繼續在這塊獨特島嶼的森林下，探尋自然生物的奧祕。

長野義虎

橫斷中央山脈

——長野義虎中尉的地理探險

／簡白 譯

長野義虎中尉是第一位穿越中央山脈的外國人，完成四十年來，在台外國探險家的最大夢想，並且留下第一份有關中央山脈的探險報告……。

長野義虎橫斷中央山脈，縱走八通關古道路線（由東向西），與拔仔橫貫道（由西向東）。

一八九六年，日本陸軍步兵中尉長野義虎，曾兩次深入台灣原住民部落「視察」，一在三、四月間，一在七月至十月間，行踪遍及台灣山地。這兩次探勘，長野都曾提出報告。本文，即根據其第二回「視察」後之演講紀錄節譯。原文二萬言有餘，大抵側重其橫越中央山脈經過，以及由殖民者立場而發之治術建言。就前項而論，觀照鉅細靡遺，人文衣食住行，自然草木水石，無不詳細。本文，以扼要擷取其跋涉中央山脈經過為主（一由東向西，走八通關橫貫道，再由西向東，行拔仔橫貫道），尤其有關彼時清代古道狀況之吉光片羽敍述，更是本文精華所寄。另據查證，同年九月，長野著其先鞭，膺登臨玉山頂峯第一人（或為十一月之後之東京帝大農學博士本多靜六等，詳見矢野龍谷「玉山探險記」），其攀爬經過本文亦略有著墨。原記錄前言裡，曾提到緣於其攜帶之氣壓計受損，故講詞內容之標高尺度，僅能供做參考。除兩處外，原文度量衡使用和式尺貫法，譯文為行筆方便，不作更動。唯尺貫法一尺約等於公制三〇公分，一里約等於三九二七公尺，請讀者留意。再者，本文括號內文字，為譯者所加。

八通關橫貫道

余此回走過之八通關前後山道路為同治十一年（應是同治十三年十一月沈葆禎提出請開台地後山舊禁疏）吳光亮所築，歷經六年始成（應是光緒元年正月興工，是年臘月建成）。據民間傳說，築路費用共一百九十萬日元（當時日幣值），接著，余首先就璞石閣至八通關大崙坑社之經過情形，提出報告。從台東溯游濁水溪（指卑南大溪），敝人九月十三日抵璞石閣。滯留二日三夜，九月十六日再由璞石閣出發，西行二里半，有卓溪社存焉。卓溪社社址標高二千四百尺，而其所處之高地頂端，海拔約三千一百尺。卓溪社社酋名約近馬，副酋長曰貝都。此社人家共二十三戶。其住屋建築，外緣皆敷以石版岩。內裡樑柱則爲木造。翌日，向西稍降，復折西北攀登，於海拔三千四百五十尺處，再轉西行進。此帶樫椎雜木極夥，綿延七八里，山質構造爲雲母粘板岩。越四里，有異祿閣社。附近可見野生肉桂樹。異祿閣社居家與卓溪社相似，惟前牆爲木製，並有板塊隔間寢室。其喪俗人死埋屋內地下，容納飽和始另建新居。異祿閣社社酋名曰阿行，副社酋曰安老行。聚居男女合計三百二十五人。女織番布，男作網袋。由異祿閣社出，沿清水溪左岸，面向西北行動。此間路況險惡，稍或不慎，即有墜落千仞溪谷之虞。約過四里，抵蚊仔厝社，此地亦據清水溪左岸，標高二千七百五十尺，多山枇杷及肉桂樹。蚊仔厝社社酋名曰時明，社中男女合計五十六人。復由此社南降，遇一河，清澈異常，東南注入清水溪，此河標高一千八百七十尺。又向南登，有萬里木社，社中人家僅四戶，或爲後敍之大崙坑社之分社。萬里木社西北山勢峻峭，傾度八十五度。其社社址標高三千六百尺，遍生山枇杷及胡桃。且北方有斷崖，皆石灰岩構成。此石灰岩山地，三千六百尺之處起，五葉松繁盛。再其上則生長日本松。往此山峯西向行進，再下行，會一清溪，渡過，目覩一壯闊岩窟，並有一岩屋，約可容納二十人，當晚於是地過夜。此處海拔約五千一百尺。翌日，攀越標高七千七百二十尺山頂，沿途遍生五葉松、栂樹，再其上則台灣杉、日本杉，此外，樅檜樹木亦觸目皆是。復由西南方向下行，抵大崙坑社。大崙坑社所在標高五千五百五十尺，酋長名曰砂里難，通事曰黃才，住有二十四戶人家。其居屋頂蓋率以杉皮掩覆，四壁亦憑板塊作牆。簷下置桶，用以貯備雨水。此地高山番人，除幼兒外，無論男女，上顎皆缺二門齒。原因是昔日其祖先與平地番人交惡，致生爭戰，祖先上牙受創，爾後，爲與平地番人顯明區別，故存此風衍傳。

九月二十四日，出大崙坑社，降行西北方向，遇一河，沿河岸行道。此河標高四千一百尺。復往西南攀登，再轉西北，然後由海拔七千一百尺處向西下行，見溪水左岸有一小型番屋，是夜於此露營。此屋所在標高五千一百尺，附近杉栂之類及其他雜樹異常茂盛。翌日，往西攀爬，舉目盡是日本松、杉樹、栂樹。又攀爬至海拔八千一百尺處，頂上徒有蕨類、小草及竹林。此地到八通關之間，除溪間外，只目睹草本植物。稍降，再往西行進，有一小溪流，是夜於此露宿。此溪流水極清冽。本欲滌洗身體，但才淨臉，顏面竟然冰痲，奇冷無比。翌日，往西降行，渡過一河。此河出於八通關與玉山之間，標高六千三百尺。由此處攀爬而上，見一開闊原野，傍有小溪，於右方環山而過，左方，玉山矗立。八通關西北尚有斷崖，氣象宏偉，頗有一夫當關，萬夫莫敵之勢。此地雖仍闢有通道，但亦相當驚險。又，據聞八通關昔日原建有木造壯麗關門，爾後生番至此狩獵，每每削取門柱爲薪燃火，致今日關門材木不剩殘跡，徒曉關門原址，託空憑弔而已。諸如此舉之番人無知行徑，其後更有詳述。

二十六日，由於玉山山身從十分之四處，濃霧瀰漫，能見度甚低，當日便於八通關露宿。翌日，令其他人先行，敝人連同二名生番，攀登玉山。原先是一小徑，因是狩獵走道，甚狹，更上則路徑消失，而玉山峯頂清晰可見。攀登途中，沿路有松栂生長，再其上有杜鵑科植物。並發現有一斷崖，崖壁皆赤，就近探看，間有白色岩石，其中竟含石墨，便採集些許。其後再往上攀高，至海拔九千七百尺處，大霧四起，蔽眼遮目。此時，頗躭心夜晚於何處露宿才好，便向南方峻嶺行進。此峻嶺從山身十分之八處起，不見草木，且四面皆峭壁斷崖。爲就暖起薪，至前方林地宿營。是夜夜半，氣溫華氏四十二度，晨四時則四十度。四時半起身出發，匍伕行進，再往玉山山頂攀爬。沿途寸草不生，必須留意踏石，以免岩塊鬆動墜滾，擊傷後續者。登上山頂，正逢晨曦照臨玉山。玉山三峯，中爲主山，南峯應是兄山，北爲弟山。其標高之差，兄山比主山約低一百尺，而弟山約低三、四百尺。就距離而言，主兄兩山約隔一千公尺。主弟兩山約隔四、五千公尺。主山及兄山，從頂部下行至一千或二千尺之間，大抵爲寸草不生之峭壁，以下才有松栂及杜鵑科植物生長。西邊方向，斷崖與三峯連接，其高險處達二千尺以上。數年前曾露營阿里山頂，當時，遙見玉山山身十分之八處起，皆爲白雲蒙覆，內心驚異其高聳偉巨。如今登臨絕頂，方知其詳。站立玉山頂峯，面向西方。雲海靜浮，簡直一無所謂山形狀物存在。玉山之高，其崇峻如此。

從玉山下，飢腸轆轆，便尋找水源，於九時許進食早餐。當日原欲於八通關露宿，但生番食量大，三人份食物盡沒。因此加快腳程，叮嚀生番是夜非抵達東埔不可。由八通關下東埔，沿一溪行進，其溪內硫礦泉湧現。此時日頭西斜，生番步伐異常快速，敝人幾乎無法趕上。手持松火，照明草徑，終於於午後十時到達東埔。東埔住有十二戶人家，中國人有十餘名。彼時東埔社酋正罹患疾病。此社風俗與大崙坑社無甚差異。三十日由東埔出發，抵和社。和社社酋名曰毛爾，副社酋曰阿八里，住有人家十一戶，約一百人。於和社用過午餐，沿川下行，逕南仔腳，宿羅竹庄。南仔腳社社酋名曰碗，副社酋曰八集羅，人家十三戶。和社與南仔腳社，其風俗狀況與大崙坑社差異頗巨。一是居家構造較小，服飾亦有所別。其居家服飾同阿里山下生番類似，耕作方法亦然。此兩社或拔社埔生番之所出。和社藏金銀礦脈，昔中國政府曾打算着手開採，而荒廢至今。羅竹庄居民，大抵已是熟番，其居家多漢人式樣。從羅竹庄下行，夜宿牛轀轆，翌日，即十月二日，抵林圯埔。總計由璞石閣出發至林圯埔，行程共費去十七日，但其間曾滯留四天左右。

余走過此段清國政府開闢之通道，深深驚異其工事之殷勤慎重，遇岩取石，遇林截木，用以敷造階級。路幅約寬六尺，今日全程雖然多有毀壞，但依舊可以容納十數名步卒從容通行，惟異碌閣社至蚊仔厝社之間，路況較險，餘皆無甚大礙。其後吾走過之拔社埔（南投民和）至拔仔庄（花蓮富源）之間通道，亦頗可觀。此路據聞於光緒十三年，名余步青者暨張統領（兆連）率一千五百名人伕，由西向東，築至分水嶺。再者，張統領亦曾命集人伕一千五百名，從花蓮港向西，修路至分水嶺。費時僅三月。

拔仔橫貫道

拔社埔位於集集街東南，標高一千五百五十尺，居家多漢人式樣。拔社埔附近平原廣闊，多未能闢為耕地。從此地沿濁水溪而上，約六里，抵達蚊蚊社。此社位於濁水溪右岸，距河二千二百尺。社酋名曰至密，副社酋曰阿密。渡河，水深至臍。攀登一高五百尺之山地，右方有鑾大社，左方有上下社，穿越其間，抵貓府蘭社，是夜宿於此社。貓府蘭社社酋名曰世九，副社酋曰長仔，人家十戶。翌日，沿山之側面，筆直向東南方行進，至沼哼散社，彼時為十月二十二日，沼哼社位於丹社範圍內，社酋名曰毛溲，副社酋曰世久，住有十戶人家。隔日，再沿山側往東南方向行進，逆濁水溪支流而上，約三里，有簡吻社；社酋名曰使仔，副社酋曰女老，人家亦十戶，而通事名杜成羅，甚獲番人尊重。此社附近有番社名丹社，為拔社埔至拔仔庄之間最尾番社。

由蚊蚊社至此，風俗與八通關沿路生番雷同，耕作器具亦類似，有斧、有鉈、鍬及石鍬，鍬口較尖，形小，與日本相比，鍬柄較短。丹社附近土質爲紅壤，混合石粒。此地多石版岩，山頂岩塊光澤則爲雲母石。此間耕種作物，曰粟、曰玉蜀黍、曰番薯、龍瓜稷、朝鮮稷、綠豆、赤豆，及薏薏和煙草。此間山地林相稀薄，僅零星櫟木散處。雖有蜜柑生長，但生蕃並無以之爲食，且嚴禁外人摘取。居屋構造亦與八通關沿道相同，多石版岩敷造。又，此地日用品大都仰賴集集街供應。而耕作地依山勢傾斜闢建。因樹木稀少，無伐木殘株現象。由此地至拔仔庄之間，已無生番聚居，故隨行蕃人厭惡前往，幾經勸說，方使首肯。生番外出，倘時間須達二日以上，必拈鬮卜吉，若凶，則作罷。因此之故，滯留二三日，十月二十六日方從簡吻社出發。簡吻社北方有河，中銜溫泉，富硫磺及碳酸鈉，後者含量尤豐。吾將髒污毛巾投入其間，約十分鐘後，取出視之，竟已非常潔淨。當日於此河邊露營。隔日重行出發，但氣條惡劣，約一里半，覓得一空屋。因天氣欠佳，番人不願繼續行程。隔天二十八日，再行出發。向東南行進，出分水嶺右方，此地有廣闊處所，一木造牌坊矗立，其上刀痕累累。此牌坊據聞爲當年築路時所建。隨後再往上攀登，向東南方向行進，此地標高九千一百尺，再同方向前行，先涉一小溪，又渡一寬河，河邊有一大岩屋，約可容納二十人。是晚於此地過夜。此地海拔六千六百尺。翌日冒雨出發，往東攀登，於海拔七千五百尺處露營。此地因不見岩屋，隨行生番芟草砍木，造一茅舍略擋風雨。分水嶺東方，林相森然，多栂樅、松，及台灣杉。翌白，越八千六百尺山峯，又遇大雨，生番不堪寒冷，是日於標高五千九百尺處之岩窟停留。翌日，即十月三十一日，抵達花蓮港拔仔庄。

綜觀拔社埔拔仔庄間道路（前清稱集集水尾道路），工事極爲細膩，其闢建方式依舊是就地取材，遇岩敷石，遇林敷木，路幅大抵六尺，若行裝簡便，行走其間，悠哉自然。惜年久失修，荒草叢長，致湮沒難伸，或爲山澗沖毀。然而，損壞路段僅佔小部份，倘使整治得宜，應可回復舊觀。即在今日，步卒通行其間，亦無甚阻攔。

謹就通道，略抒感言。愚意以爲，後日闢建道路，設立電信桿木時，從清國政府所建之關門及牌坊命運來看，必須事先充分諭告各番社制止此類削取建物爲薪之舉措。再者，生番不喜人工築造之蜿蜒路徑，反而樂意截彎取直，來往荒野間。中國政府花費巨大金錢修築之曲折道路，背離番人習性，終爲莽原所吞。另外，生番天性純樸，有如赤子，余途中屢屢目擊彼等經過中國政府修造之通道，一邊將之毀損，或遇斷崖地方，即脫離原路，取岩塊擲入谷間，見岩塊滾墜谿底，便欣然面有喜貌。如是觀之，往後修築路道，最好得番人引導，就其慣常通行路徑闢建之。切勿蹈清國政府覆轍，耗費大量人力物資，卻不彰其功。

鳥居龍藏

黑暗世界的星光

——考古人類學家鳥居龍藏走訪

／埃・班德勒

受小學課本中有關世界人種介紹的啓發，鳥居龍藏潛心致力於人類學探究。五度來台，不顧危險踏遍全島各個山區，完成今日台灣先住民早期生活最完整的實地記錄……

十九世紀末葉台灣經劉銘傳的大力改革，正朝向現代化的方向逐步邁進，可惜甲午一戰，使台灣成爲日本的南方領土。當年正是東西交通大開，各種學術思潮由西方頻頻傳入東亞的時代。日本早在西元一八八四年便成立了「人類學研究會」，而在一八八六年更成立了「東京人類學會」。人類學這門學問的發展是建基於「大發現時代」以來對異文化民族的興趣，十九世紀中葉以後人類學逐漸變成一門獨立的學問，當時主要的研究對象是文化上相對較落後的地區與民族。因此對於成立已經十年，苦無一塊屬於自己研究園地的日本人類學者而言，獲得台灣，不啻是得到一塊學術寶藏一般，因此在台灣割讓當年，就有學者到台灣來從事各方面的研究，其中有名的如研究台灣平埔族及台灣文化史的專門學者伊能嘉矩，而這些基礎性的研究工作持續下去的成果，正是台灣近代學術發展的基礎。

東京帝國大學在台灣政治情勢稍微平穩的第二年就決定派遣動物、植物、地質及人類學四個部門的學者來台灣進行調查與研究的工作，但是台灣的情形仍然很亂，並沒有教授願意前來，就是階級較低的先生們也沒人願意前來。當時只有在人類學教室整理標本的鳥居龍藏願意前往，於是東京帝國大學聘他爲雇員，正式銜命前來台灣做人類學調查，從事台灣高山族的田野調查與研究的工作。這一個發展情況使台灣成爲中國各省區中最早從事於人類學與考古學發展的省份，其中鳥居氏進行的田野調查工作影響可說是十分深遠的。

第一次前往「黑暗的後山」

鳥居龍藏的一生和中國有很深的關係，大部分的時間從事於中國邊疆民族的研究，這究竟是和當時日本擴張主義的心態有關，還是和他個人的興趣有關，實在值得深究。西元一八七〇年他出生於日本九州德島縣，曾經唸過小學，但並沒有唸完就因偏好歷史地理而致退學了，此後的高等小學，中學課程都是自己學習而來。他曾經認爲自己之所以對人類學有興趣是受到小學課本中有關世界人種介紹的影響。他曾提到過「日本早就把世界有五種人的說法介紹在小學課本的第一課之中，這確實是一種卓見，我自己今天能夠忝立在人類學界，實在是受了上述有關人種敍述的影響」。而實際上的行爲則是十六歲那年（一八八六年）他就加入東京人類學會成爲會員，並且受教於「日本人類學之父」坪井正五郎博士，從此走入他一輩子的人類學生涯。

鳥居龍藏在調查台灣之前，曾經前往遼東半島進行考古學及人類學的調查。他第一次來台灣是在一八九六年七月十五日，從東京搭船前往台灣，在基隆稍事停留之後在八月十九日由總督府的技師成田、田代及助手二人陪同搭船南下到花蓮港，前往「黑暗的後山」進行第一次的田野調查，到十二月爲止大約一百多天的時間他在台灣東部的土著族羣之間往回二次進行調查，他自己敍述到「最初從喜來、新城出發，爬山、渡溪南下，出卑南平原到達知本溪，回頭渡過卑南大溪到太平洋海岸，而回到喜來，歷時四個月。」他所說的喜來就是今日花蓮市附近，也稱奇萊平原，他這次的調查可以說是最早的一次對台灣土著民族有計劃而深入的田野調查，他不但順利的看到了居住在東部縱谷及海岸地區的阿眉番、卑南番、知本番、平埔番、加禮宛番等當時稱爲番的各個土著族羣，也曾經上到中央山脈東側的山區調查有黥番（泰雅族）及高山番（布農族），記錄他們的語言、生活習慣、衣服裝飾、農業、住居及口碑，並且做了體質的測量，這些可以說是今日台灣土著族羣早期生活最佳的實地記錄。尤其是他冒著很大的危險到木瓜番（今稱泰雅族木瓜羣）的馬那老社去調查當時最爲人所懼怕的「有黥番」，取得他們各種資料，在他寫給東京人類學會會長坪井正五郎的信中提到這是第一次有人正式到木瓜番去進行調查，也是第一個取得有關獵頭的資料，在他發表的「東部台灣番族的研究」一文的圖版中顯示馬那老社的頭骨架以及頭目手持一個剛剛獵到不久的人頭的情景。除了這些冒險的行爲之外，最重要的是他完整的記錄了沒有受到漢文化影響以前的阿美族的製陶工藝，後來的幾次調查他也對阿里山鄒族以及蘭嶼雅美族的製陶作了詳細記錄，這是目前僅存的最完整而且最早有關台灣土著自己製造陶器的記錄。

這次的調查他一直到第二年（一八九七年）二月才離台返日。在同年的十月他第二次來到台灣進行調查，他這次的目標是上次看到却沒有調查的海外孤島蘭嶼。

第二次寫成台灣第一部完整的民族誌「紅頭嶼寫眞集」

十月九日來到台灣以後，首先利用短暫的時間從事於台北市圓山遺址的調查與發掘，這是當時台灣發現最重要的遺址。他採集很多石器、陶器、骨器，並且留下幾張遺址的照片。接著前往新店測量北部泰雅族的體質，後來回到基隆從事平埔族的調查，並且坐船到社寮島去工作。但上述的工作都不是他主要的工作，十月廿二日船期一到，他便和助手中島藤太郎搭乘「打狗丸」直奔蘭嶼，廿五日到達以後，他與助手就在一個外人罕至的小島上工作了將近七十天，一直到十二月廿九日才離開。

這是蘭嶼第一次的學術調查，許多不爲人知的謎團等待解開。他完整的記錄了土著的聚落、語言、風俗習慣、生活狀態，並且測量他們的體質特徵，透過對他們的了解，鳥居把蘭嶼的土著用他們的自稱命名爲Yami ヤメ族（即雅美族），除了在蘭嶼本島之外，他還利用天氣晴朗的日子，坐著雅美人的小船，穿過黑潮的波浪到達小蘭嶼去調查。雖然當時他的調查報告中並沒有太多生活的報導，但是從和他同時代進行土著及台灣文化調查的學者伊能嘉矩，寫給坪井正五郎的信中可以略窺一二！

「汽笛響了幾聲，向孤島的探險者發出通報，接著島中槍聲一響與汽笛聲相應，這是島中探險者平安無恙的報告無疑……我乘小船到該島上，親愛的鳥居君頗爲康健，親來迎接，我們兩人除以相對含笑來表示這種難得相遇的歡欣以外，暫時無話可說，……他這回調查備嘗所有的艱苦，而他所做的研究，眞是前人所未及，所以將來要編人類學史的人，絕對不能遺漏他這回的辛勞。」

他利用這次調查資料所完成的「紅頭嶼土俗調查報告」、「紅頭嶼寫眞集」就成爲台灣第一部完整的民族誌，他所看到的情形是還沒有受到文明世界影響以前的雅美族淳樸的文化，這是我們今天再也無法看到的情境。

第三次「東南部台灣番社的探險」

一八九八年鳥居又從日本渡海到台灣從事第三次的人類學調查，這次調查他自稱爲是「東南部台灣番社的探險」，九月間他由車城登陸到達恆春，開始調查恆春到枋寮之間的排灣族、阿美族、平埔族，尤其是淸代所稱恆春十八社。告一個段落南下到達鵝鑾鼻，由恆春半島東岸北行經過八瑤灣、阿朗壹、太麻里。這些地方的居民都是排灣族或是排灣化的卑南族，鳥居曾經記錄他們之中的一羣自稱爲Pakarukara。調查結束之後他趁著坐船的方便前往台東外海的另一個小島綠島停留後才回基隆，這次的調查結束之後，由於對東部的土著族有全盤的了解，鳥居氏深深的感覺：

「漢人所謂『後山的生番』到底是怎麼一回事，而這回調查的結果，略爲明瞭台灣東南部有那些番族，關於他們人類學上的各種事項、種族間異同，進而明瞭他們與紅頭嶼土著之間的比較關係等，台灣的番界，尤其是東部番界其艱險一如其名爲Darkest Formosa。」

第四次橫越中央山脈

鳥居第四次也是最長的一次調查，從一八九九年十二月下旬開始由東京出發，一九〇〇年元月六日到達基隆，接著乘船前往澎湖做短暫的調查，然後經台南、高雄在東港上陸前往枋寮。接續上一回的調查，從此一直到九月廿五日離開台灣爲止，在幾乎長達九個月的時間裏，從事於西部山區的土著族羣調查，可說是一無遺漏，其間他曾經調查北部排灣族見到精美的雕刻、服飾和大量的頭骨架、記錄旗山附近的平埔族，沿著下淡水溪上溯作布農族的調查，在阿里山附近調查鄒族，記錄鄒族即將消失的製陶工藝。並由當地土著的陪同成功的從阿里山登上台灣最高峯玉山，這可說是除了土著族羣之外第一位學者登上這座山峯，俯看四周居住的高山土著族——布農族，並且對他們早期的歷史和石器時代先住民的關係結合研究。從玉山下來以後經過林圯埔（竹山）轉往台中大甲溪中游東勢的內山調查泰雅族的南勢羣、北勢羣。確認他們自稱爲taiyal，才轉往台灣中部山區最大的盆地埔里，除了調查水社番（邵族）以及道光年間受漢人壓迫大舉遷入的平埔族外，最重要的是記錄即將消失滅種的埔番、眉番，這些資料也就成爲今日研究埔眉番唯一的田野記錄。

鳥居在八月間調查埔里的時候，他心中突然興起橫越中央山脈的念頭，於是在八月十二日從濁水溪上溯東埔，沿著陳有蘭溪到達八通關，艱苦的橫越中央山脈的脊樑部分到達璞石閣（玉里），可見他冒險犯難的精神以及膽大敢爲的作風。接著他又從花蓮轉往蘇澳上陸到達宜蘭，調查天送埤附近的泰雅族，再迂迴從草嶺附近回到台北。這次馬不停蹄的調查行程，可以說走完了他前三次所沒有去過的台灣全島各個山區，所以他說到「這次調查做完，我所計劃的台灣番族人類學調查，便結束了。」

果然，除了一九一一年他受台灣總督府的邀請再到台灣調查高山族一趟之外，再也沒有到台灣來。從此他潛心進行中國邊疆民族的研究，首先就是有名的苗族調查，那又是另外一種探險！

鳥居龍藏雖然在台灣只有短短的四、五年，但是幾乎走遍全台灣土著族羣分布的地區，進行完整的田野調查和記錄，除此之外也替「東京地學會」進行調查工作，他來台灣最要緊的就是帶來科學的田野調查方法，包括記錄、描述、測量以及率先使用照相機進行工作，留下完整的記錄資料；另外就是冒險犯難進行調查工作的精神。他所蒐集的土著族羣標本和考古標本目前收藏於東京帝大人類學教室，可能是目前世界上最早採集的一批台灣土著族器物標本。他利用這些資料所寫的四、五十篇重要論文和專著，都是後來台灣土著羣研究最重要的資料，因爲在他研究之後不久，台灣土著族羣的文化，就因爲接受外來文化而急速消失與改變。

森丑之助

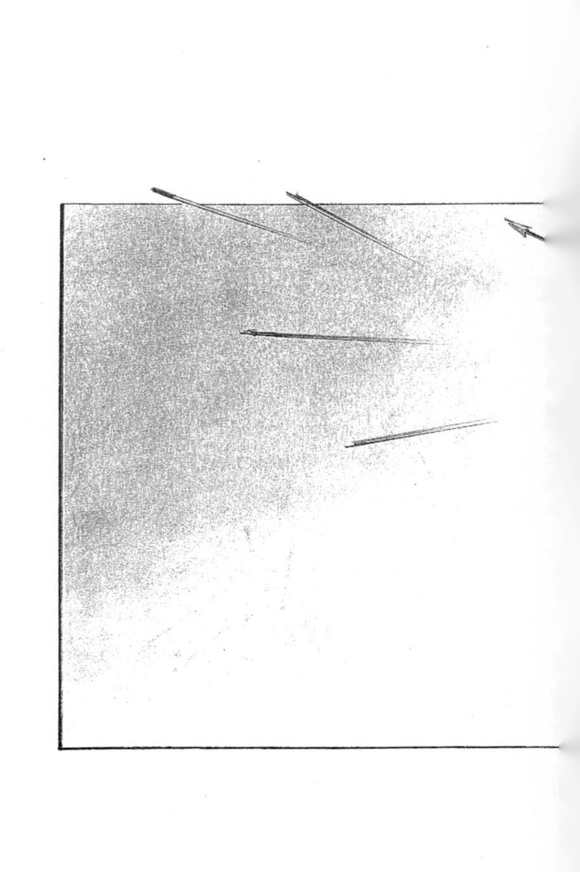

在荒野中尋找「荒野」

——人類學家森丑之助的離奇生死

／埃・班德勒

離現在三百多年，也就是明鄭及清朝初年統治台灣的時代之前，台灣的土著族羣是一羣悠遊於世外的民族，他們依照語言、生活習慣、社會組織的異同，分成二十多個不同的單位，遍居於台灣的平原、山地、小島之中。明朝末年（十七世紀初）以來，漢人大量移民台灣，逐步佔領了土著族羣中居住在西海岸平原地區的平埔族羣原有的生存空間，除漢化平埔族羣之外，並且將一部分平埔族趕往山區邊緣、埔里盆地或宜蘭、台灣東部等漢人較少到達的地區。在那個時代，山區一直是土著族羣中被稱爲「生番」的山居族羣的分布地區。泰雅族、布農族、鄒族、排灣族這些山居民族的生活習慣和獵頭的風俗，一直令人畏懼，除了極少數做生意的人和通事之外，大部分人都不敢和他們親近，而政府也一直用防範的態度來對付「生番」。清代統治末期的十九世紀中葉以來，漢人由於人口增加，土地開拓逐漸進入近山地區。自然與土著發生生存空間的爭奪，漢人雖然以武力強迫山區民族退卻遷徙，但卻引起彼此之間更多的爭執，光緒元年以後雖然改變政策進行「開山撫番」，但已時不我予，不旋踵台灣割讓給日本。日本人延續「開山撫番」的政策，除了政治、軍事的力量之外，又加上文化的力量；派遣學者前往山區研究土著民族的文化和體質。因此台灣土著研究早期的啓蒙者大多數是日本人。森丑之助，就是其中重要的人物之一。

從「機械的鸚鵡」到鳥居的助手

森丑之助又名鞆次郎號丙牛，年輕時曾在日本九州熊本中國語學校學習中國語文，畢業後被派到軍隊當翻譯人員。一八九五年九月，也就是日本佔據台灣的頭一年他就隨軍隊來到台灣。一八九六年六、七月間他曾經前往大嵙崁溪上游當時稱爲北番的泰雅族分布區進行初次的山地探險；此後到一八九九年的四年之中，他一直跟著軍隊移動，數度前往太魯閣、木瓜溪流域、新店溪上游及大南澳溪流域等泰雅族分布區進行探險，並曾遠至台東與阿美族、卑南族接觸。在這個時期，他只有很單純的進行探險了解土著族羣的生活，他在一九二四年回憶到他爲什麼會前往台灣的山地跋涉探險，而對土著民族產生深厚的興趣，實在是因爲他自小身體瘦弱，聽從醫師的囑咐，決定以爬山做爲訓練身體的方式。而翻譯的工作就像「機械的鸚鵡」一樣，令人煩燥，因此出外探險的刺激正可抵銷生活的平淡。

森氏眞正接觸到人類學的田野調查工作而對土著族羣有更進一步的認識，是從擔任鳥居龍藏的助手開始的。鳥居氏是日本早期有名的人類學者之一，於一八九六年起奉東京帝國大學理科大學人類學教室之命前來台灣調查土著民族有關人類學的部分。一九〇〇年鳥居第一次來台灣進行調查，這是他最後一次奉帝大之命在台灣調查，也是時間最長的一次調查活動。森丑之助從頭到尾擔任他的助手，也因此森氏學到很多有關人類學田野調查的技術，包括訪問、觀察、體質測量的方法和考古學的基本知識，同時也學會當時剛使用於台灣不久的攝影技術。森氏在一九二四年發表的文章中曾經提到這一段往事「我做爲鳥居先生忠實的助手，擔任地理的嚮導，土語、番語的通譯，以及補助調查工作，受到他學問上實質的指導，這是此行最大的收穫，我若對學術研究有一些貢獻，可說是得自於鳥居先生。」這次的經驗奠定他一生致力於了解土著民族的想法，也使他的探險活動有實質的意義。

他們的這一趟調查從一九〇〇年元月開始，九月結束，時間長達九個月。由南部枋寮附近萃芒溪以北向北開始調查排灣族，當時地方尚未平靖，潮洲辦務署署長剛剛被反抗統治的台灣民衆殺害，而且附近山區的望嘉社剛在二週前獵一個力里社人的頭，山地的番社情況也不穩定，因此新任的署長石橋亨不願他們上山，但他們二人均以多年在山地探險的經驗認爲沒有問題，署長只好讓他們上山。他們在力里社外看到被獵頭者的家族在社外有「巴力西」（禁忌）的地方進行祭儀，由於是平民階級所以喪禮簡單，聚落內羣情激憤正準備大舉前往敵社復仇。他們經過望嘉社時也看到獵得的頭吊在頭骨架旁一根大木頭的枝椏上，爲了證明他們的膽力，以及送給石橋署長「土產」，他們以偷天換日的手法拿到骨架中一個頭將吊著的力里社人半腐的頭骨換下，以油紙包好放在照相機的皮箱中，不敢停留急忙趕回潮洲，送給石橋署長。可見鳥居、森丑二個年青的探險者實在膽大敢爲。後來這個頭骨，署長怕引起紛擾不敢要，鳥居就帶回東京帝大當做標本。

攀登玉山，走訪布農族

排灣族調查完後他們又沿著楠仔仙溪向上游調查最深山的布農族透仔火社，三月一日他們

「從關山的山腹，遙望白雪皚皚的新高山（玉山）映著朝日的無雙絕景。」這個景色促使他們一窺新高山究竟的決心。三月底他們到達阿里山鄒族達邦社，當時正下著直徑十公分左右罕見冰雹，除了調查鄒族之外，還採集人頭骨三個和部分石器，並且決定選擇一條新的路線由阿里山草地翻越幾座山登上新高山。雖然在此之前已有數人登上玉山，但都是從林圮埔（竹山）的方向上下，他們的新路線使得帶路的土著辛苦萬分，而且幾乎斷糧！幸好向東埔社求救的糧食及時趕到才免於斷炊的危險，雖然危險辛苦，但是他們看到別人看不到的玉山各個角度的相貌，並且攝影留念。從玉山下來後經過東埔、林圮埔出台中轉往大甲溪中上游及埔里盆地附近調查泰雅族、平埔族及埔、眉番。然後再前往東埔一面準備、一面調查當地的布農族。八月十二日他們從濁水溪中游出發，經過八通關行程中持續進行人類學及地質方面的調查。這些地區都是布農族分布的地區，他們看到位於二千多公尺高的塔路那社和分社。由於路程困難，又兼調查工作，因此九月一日才到達璞石閣（玉里）。出玉里之後他們沒有停留沿著縱谷從花蓮搭船前往宜蘭調查宜蘭平原西南山區泰雅族的南澳羣和溪頭羣，最後翻越三貂嶺回台北。

這趟行程對於森氏來說有很多地方算是舊地重遊，但也有很多地方是他第一次到達，最重要的是他從鳥居龍藏那裡學到很多人類學的知識。這恐怕是後來森氏稱鳥居先生爲師的最大原因吧！這次長期的人類學探險改變森氏探險旅行的眼光，「從此開始殆無寧日的番地踏查，而科學的、完全有系統而具體的番族調查，也以此時爲開端，前後大約經歷二十五個星霜歲月。」

森氏擔任翻譯工作，一直到一九〇六年才結束，這段期間的調查旅行，大多是他自己掏腰包。一九〇六年他開始在殖產局擔任職務，一九〇八年四月到一九一〇年九月之間，他轉往一個臨時性的土著族調查機構「台灣總督府臨時台灣舊慣會」番族科擔任囑託。這時候開始才有調查工作經費的援助。這段期間他最主要的工作是進行「北番」泰雅族的調查工作，但也抽空前往南部地區工作，從他留下的泰雅族地區「番地探險的順序及其踏查地域」的內容看來，從一八九六年到一九一五年之間，他除了一九〇五年前往南部山地進行中央山脈探險之外，其他的時間每年都前往泰雅族居住的中央山脈北段深山進行調查，短則一、二個月，長則半年、一年，「本族番社的大部都曾親臨其地」進行記錄、調查。他這些詳細的調查資料，和所拍攝的大量土著族羣生活情形的圖版，在一九一五年首先由臨時台灣舊慣調查會出版「台灣番族圖譜」二卷，每卷各一百版的圖版，第一卷內容包括泰雅族、排灣族（包括魯凱族、卑南族）；第二卷包括布農族、曹（鄒）族（包括邵族）、阿美族及雅美族，內容包括人種、房屋、衣飾、生活習俗等各方面，在今天而言實在是台灣土著族羣最早、最珍貴的一批史料。文字方面延遲二年在一九一七年出版「台灣番族志」第一卷內容爲泰雅族的種族、聚落及分布、體質、社會組織、風俗習慣、宗教、經濟等各方面，雖然這是「舊慣調查會」的工作，但是這本鉅著實際和「舊慣調查會」以前所出版的「番族調查報告書」和「番族慣習調查報告書」不同，內容中雖然也有許多有關土著族羣生活寶貴的記載，「但從整體上看，並非偏重於習慣法的研究，而爲包括體質研究在內的廣義的人類學著作」（剛去世的日本著名人類學者馬淵東一語）這也是他的著作最可貴之處。

手稿遭天殺，投海自殺？

一九〇八年台灣省立博物館的前身「總督府博物館」成立以後，森氏就曾服務於該館，一九一〇年「臨時台灣舊慣調查會結束，他又轉回博物館擔任雇員，雖然他不滿於博物館給他的職位，但是他仍然努力調查山地的土著族羣，現存於博物館大部分的民族學與考古學標本都是他所採集的。一九三九年總督府博物館出版該館「創立三十年紀念論文集」紀念座談會記錄中就曾提到「當沒有人願意進入危險的山地調查時，唯有森丑之助一人，受到出差命令時，不但樂於進山，而且往往一去就不知所向，忘記歸來，曾經有一次不知去踪達兩年之久。」由此可知他對土著研究入迷的程度以及他對山區狀況了解的程度之深。他素來有語言的天分，除了讀書時學會漢語之外，在台灣調查期間，很快就學會土著的幾種語言，因此特別能夠與土著族羣溝通，深得當地人的喜愛。他在發表的文章以及演講的時候也一再提到他對土著族羣的看法，認爲土著族在一種未開化的境遇中生活只是較爲「原始」。但是品性崇高、眞摯，社會組織雖然較「幼稺」，但是守秩序，社會內部平和而且純潔。文明人複雜社會中的不義、僞善、虛飾是不存在於土著社會之中。到山地去調查或探險是不必帶著武器，你所依賴的唯有尊重他們的習慣、信仰，他們也會對等尊重你，而最好能夠說一些他們的話，這種彼此尊重的精神就是「誠」字，也是唯一的武器。

他對少數民族的看法就是這樣從接觸、研究到了解，後變成土著民族的朋友。

在博物館期間他這種出去調查就不知所之的習慣，早就爲博物館館長川上龍瀰所不喜，而他也不滿於因資格所限在博物館只能擔任雇員，因此與川上氏不睦，在一九二四年憤而辭職，一九二六年由基隆乘船返回日本，但是船到達神戶時，船艙上只見森氏的行李，而不見森氏本人，他就此失踪。很多人猜測他可能是投水而死，但也有人說可能在基隆沒有上船，馬淵東一教授在一九五三的一篇文章中記載「森氏投水自殺，據說是因爲一九二三年東京大地震中，他所藏[illegible]的高山族研究資料及原稿為大火燒毀的緣故。」從博物館的紀念論文集中說到「森氏生前所蒐集的資料、拍攝的照片及所寫的原稿的確十分豐富，但死後卻不知去向。」而森氏自己在「台灣番族志」序言中也表示要寫完十卷台灣番族志，但就沒有寫完的情形而言，馬淵的說法可能近於事實。從台灣土著研究的立場而言森丑之助的失踪，實在是一個很大的損失。不幸的是在二十年後另一個「森丑之助」鹿野忠雄也同樣以失踪結束他對台灣研究的生命，使得日據時代對台灣山地土著族羣的研究有莫大的遺憾。

吳威廉

舊台北的建築之心

——宣教士吳威廉牧師的故事

／鄭仰恩

十九世紀是基督教歷史上最重要的宣教時期，以歐美國家爲大本營的各個基督教教派紛紛以亞洲、非洲、拉丁美洲爲目標，企求將福音傳到世界的每一個角落。一八六〇年代起，由英國及加拿大長老教會在台灣所展開的宣教工作，就是這個宣教工作的一環。

通常一提到英加兩長老會在台灣的宣教工作，馬上就讓人想到南部的馬雅各醫生及北部的馬偕博士（本地信徒多以「偕牧師」稱之）所從事的開拓草創工作。反而隨後在南北二地接續其宣教事業的英國宣教師巴克禮牧師、甘爲霖牧師，以及加拿大宣教師吳威廉牧師、劉忠堅牧師等，就比較不爲人所熟知且重視了。吳威廉牧師不但是宣教師，更是一位傑出的建築家及教育家。至今我們仍能在台北、淡水、宜蘭、新竹等地看見他所設計監造的醫院、校舍及教堂，許多老一輩的台灣牧師或信徒更常津津樂道於他的爲人。

出身農家　立志宣教

吳威廉牧師是加拿大人，一八六一年二月二十五日出生於溫塔里奧省倫敦市附近的一個農莊。他的父親是熱愛土地的農夫兼木匠。他的母親和其他親人都是虔誠的長老會信徒，並且都積極參與在當地的公衆生活中。十九歲那年，當他還是個中學生時，他和弟弟喬治到倫敦市的聖安德烈教堂去聆聽一位同是出身溫塔里奧省的宣教師講演他在遙遠的東方所遭遇的經歷及所從事的宣教工作。這位講員不是別人，正是當時加拿大長老教會派赴異邦的第一位宣教師，在美麗之島台灣開拓基督教世界的偕牧師。少年威廉受到了極大的激勵和鼓舞，當天下午他又去聽了一次，在回家的路上他懷著熱切的心對他弟弟說：「我將來一定要做一個宣教師！」一般而言，中學時代往往是年輕人立定生命中重要志向的時期；對威廉而言，這句話影響了他的一生。

在威廉的成長過程中，有三個對他影響深遠的生活經驗。其一是孕育他成長的基督教家庭生活。他的父親每天向他及其他孩子所讀的聖經章節，他的母親在床頭所哼唱的聖詩，以及在家庭生活中所培養的人生觀和價值觀，在在都影響他作爲宣教師的志向。其二是在週末及課餘時從父親學習到的農事及木工經驗。這個經驗伴隨著他來到美麗島，並奠定他作爲一個建築家的基礎。其三是他爲期數年的小學教師生涯。因爲家裡無法負擔他的大學費用，他只得在高中畢業後去接受小學教師的訓練，並且在鄰近鄉村的小學中擔任教員，直到二十四歲那年籌足大學的學費爲止。這幾年的教學經驗，以及在加拿大鄉野和村夫農婦一起生活的體驗，提供了他在台灣從事教育工作的最佳心得。

一八八五年九月，他終於如願以償地進入多倫多大學就讀。在各種學科中他對數學顯示出極大的興趣，但最令同學感到印象深刻的是他堅定的哲學信念和信仰理念，大學畢業後他進入諾克斯神學院就讀；在結合理論與實際的神學訓練中，他表現出堅毅的性格和刻苦耐勞的生活態度。有一次他在寬闊的加拿大草原中探訪信徒時走迷了路，結果他的小馬將他帶到鄰近的一間住家。這次的機緣使他得以結識後來成爲他終身伴侶及宣教同工的瑪格麗特小姐——這間住家的主人就是她的親戚——也就是後來被稱爲「北部教會音樂之母」，在台灣提昇音樂教育不遺餘力的「吳牧師娘」。

神學院畢業後他本擬前往印度從事宣教工作，因爲當時的印度呈現出極大的宣教需求。不過加拿大長老教會的海外宣道會已經選擇台灣作爲他的宣教領域，因爲偕牧師一直在期待一位新的同工去協助他的工作。至此，吳牧師年輕時的心願終於實現了，他所說過的那句話也加上了一個目的地：「我要到馬偕所在的美麗島去做一位宣教師！」

初抵台灣　責任重大

一八九二年八月十七日他和瑪格麗特小姐結婚，幾天後就帶著新婚妻子去度上帝所爲他們安排的蜜月旅行——航向美麗島。他們從溫塔里奥省搭乘加拿大太平洋鐵路到溫哥華，再由溫哥華搭船度過太平洋，經過横濱和香港，終於在十月二十二日抵達淡水。當船緩緩駛進淡水河岸時他舉目看見距河岸約六十公尺的老舊荷蘭城堡及領事館，而偕牧師和妻子張聰明女士及一些台灣信徒早已在鞭炮聲中拿著手製的歡迎旗在岸邊等候了。

隨後不久，在他抵達台灣不到一年的一八九三年九月六日，偕牧師全家第二次例假回國。吳牧師就在語言還不能運用自如的情況下，發現他自己突然成爲一位神學院教授、一位教會牧師、一位看顧六十所教會及兩千六百多位信徒的主教，及一位必須料理整個教會經濟和事務的總經理。尤有甚者，次年甲午戰爭爆發，偕牧師返台的日期延了一年。接著一八九五年四月簽訂馬關條約，滿清政府無情的將台灣割讓給日本。從四月間到該年秋天日本佔領全台爲止。在這種動亂不安的無政府狀態中，吳牧師只得將家眷送到大陸的廈門，自己則堅守淡水的牛津學堂及女學堂，並且看顧動亂中受盡苦難的全體北部教會。在這段動盪期中，他所表現出的勇氣、才能與領導力，得到加拿大母會的讚賞。這位由加拿大來的年輕牧師就這樣開始獨力負起整個北部教會的重擔。

組織建設　自立自治

一九〇一年六月二日偕牧師去世，以他爲首的草創開拓時期因而告一段落，接下去該是建設和組織的新時代了。如果說老偕牧師的特色是開拓草創，那麼吳牧師的特色則是組織建設。吳牧師的首要工作是北部台灣教會的自立和自治，也就是他希望台灣教會能藉著組織和制度來明瞭民主的眞諦、學習經濟上的自給自足，並且進一步參與在宣揚上帝之美意的普世工作中。一位曾在大陸向同樣講廈門話的漢人傳教的宣教師指出，長老制度原本就普遍存在於漢人社會中，因而要在台灣的漢人社會中推行長老教會的長老治理制度是毫無困難的。不過，要在各教會之上建立一個能夠指導、協調，並裁決教會事務的機構——長老教會稱之爲中會——才是更重要的組織工作。此外，當地的教會領袖都很喜歡當「牧師」，不過對於隨之而來的責任卻感到遲疑。事實上，在一個非基督教社會中擔任牧師是一件很不容易的事。這些都是吳牧師在組織教會時所遭遇的困難。令人感到欣慰的是，在吳牧師的推動下，北部教會首屆長老中會終於在一九〇四年十月四日成立，吳牧師當選首屆中會議長。從此北部的台灣教會不但奠定了堅實的基礎，更逐漸走上自治之路。

吳牧師的民主作風對北部教會的自立與發展有極大的影響，在他領導下的中會及教士會（由宣教師所組成）都洋溢著民主及互重的對話精神。來自西方先進教會的宣教師們和本地後道會幹事來訪的機會，他和南部英國長老教會的宣教師有了接觸，進而在南北宣教師的討論協議下，促成一九一二年台灣大會的成立。這個大會開啓了南北合一的新時代，也開始了長老教會和台灣這塊島嶼之間密不可分的關係。

重視教育　啓蒙心靈

吳牧師不但是一位偉大的教會組織家，他也是一個教育家。在他忙碌於教會整體組織的同時，他更關心教育的工作。就二十世紀初期的台灣而言，中學校仍是很新奇的話題。對當時的日本政府而言，台灣本地人民似乎仍未有中學教育的需求，重要的反而是如何爲在台的日本子弟籌辦中學教育。從某些日本官員處得知日人的這種心態後，吳牧師遂將這個問題帶到中會的議程中。在他看來，中學之開辦不但可以提昇台人的教育水平，更可以作爲神學校的預備科，爲神學教育打好人文基礎。一九〇五年二月的中會中，乃正式議決促請加拿大母會協助本地教會在台北地區開辦一中學。這項議決終於促成了一九一四年淡水中學校（現今之淡江中學）的建立。

婦女教育在當時的台灣社會，是一個更爲新鮮的話題。一八八四年由偕牧師爲培養女宣道人員所開辦的「女學堂」，因爲他的過世而在一九〇一年暫時停辦。吳牧師深感婦女教育的重要性，又記得偕牧師臨終時所說的話：「於今時代已變，而且是處於急變中。如果我們不願失去自己的地位，並且積極推行所當做的，那麼我們必須更盡力於教育民衆」，因此他極力向加進教會的牧師、長老得以在平等的立足點上一起工作。他在教士會中常向其他宣教師如此說：「在實行這項決議之前，我們得先和本地的弟兄們商量一下」。另外，藉著一次加拿大海外宣拿大母會申請優秀的女宣教師前來協助新時代的婦女教育。一九〇七年十月一日在淡水女學堂舊地開辦以一般教育爲主的「女學校」，由金仁理及高哈拿兩位女宣教師主持，對當時方興未艾的婦女教育貢獻極大。

吳牧師自己是一位出色的神學教育家，先後曾兩度擔任台北神學校（現今之台灣神學院）的校長，並教授新約。他那結合理論與實際的教學方法，一直深受學生的喜愛和讚賞。簡而言之，他的教育理念直接或間接都促進了北台灣的神學教育和一般教育。

致力建築　貢獻台灣

吳威廉牧師在台灣的一生，最令人津津樂道的，莫過於他所監督建造的許多建築物。而在他所建造的建築物中，最有名也最耀眼的，莫過於坐落於中山北路的馬偕醫院。

這間醫院的建造，從地點的選擇、藍圖的設計、監工，到完成整棟建築物，完全是吳牧師一手包辦。一九一二年十二月廿六日馬偕醫院舉行落成典禮，有一千多人到場觀禮。包括日本的民政長官及政府要員，英國和美國領事及社會賢達，以及教會的信徒都來參加。日本民政長官代表政府致辭，讚揚並鼓勵這種有意義的社會事業。一位來遠東訪問的加拿大人說：「這是我在東洋所看過最好的基督教醫院。」在醫院的建造過程中，日本官員大大地驚奇於它優良的設計及完美的工程，於是他們到處詢問這位建築師是誰。得知是吳牧師後，他們帶了許多有關公共建築物的問題來請教他。據說吳牧師也曾參與總督府（今之總統府）的監造工程，他所計算的磚塊數量與實際使用的數量只有幾塊之差。當時駐在台灣的外國商業及外交人員也都喜歡找吳牧師請教有關建築的問題。事實上，位於淡水河岸上方、「紅毛城」側邊的英國領事官邸，就是由吳牧師一手設計建造的。英國領事為了感謝他的協助，贈送他一千銀圓做為報酬，吳牧師就用這筆錢在桃園建了一間教會。一九一五年起，吳牧師更藉助這次建造英國領事官邸的經驗，以一年多的時間，建造了淡水高等女學校（戰後併入淡江中學）的新校舍，提供北部台灣的女子中學教育一個優良的學習環境。

除了醫院及少數官方建築物外，吳牧師的重要功蹟之一，就是台灣神學院的興建。偕牧師在淡水所開辦的「理學堂大書院」，早就不敷使用，加上南北教會有意在台北建立「聯合神學院」，吳牧師乃在台灣大會的議決下，在馬偕醫院對面的雙連（當時的牛埔庄）開始設計建造台北神學校。經過十個月的工程，在一九一八年春天竣工完成。校地位於今日中山北路「台泥大樓」現址，前面聳立著四層的方塔，兩翼分別是二樓的大禮堂、學生宿舍及教室，此外尚有前後庭院及寬闊的運動場。這間學校可以說為北部教會造就了無數的傳道人才，戰後才因市區吵雜而遷至陽明山嶺頭。

學校之外，吳牧師還設計監造了許多的教堂。遠至東海岸的鳳林、東北角的宜蘭、風城的新竹，近則北投、桃園、基隆，都有他一手設計建造的教堂，其中新竹教會是他最後建造的一間。在一次監督工作完畢赴新竹火車站的途中，他所乘坐的人力車翻覆，而他所受的創傷嚴重地影響他的健康，一直到他去世為止。

他是一個熱愛數學的人，整個書櫃更擺滿了天文學的書。台北鐵路局的日本人深知他的數學才能，曾數次請教他有關火車時間表的擬算方法，他也極樂意地幫助他們。一個台灣牧師回憶道：「他們常常送他鐵路全程的免費通行證明作爲回報！」

吳牧師就是這樣一位堆砌磚塊的宣教師，他不但爲北部台灣教會的傳道、組織工作堆砌堅實的磚塊；他更爲北台灣的醫療、教育、行政事業堆砌眞正的磚頭。

他愛吃米粉是出了名的，只因不願舖張浪費或帶給人招待上的困擾。他有名的口頭禪：「米粉炒，吃到飽」便是由此而來。

台灣神學院爲紀念他對北部台灣教會及社會的貢獻，特別將第一棟建立的行政大樓兼教室，命名爲吳威廉紀念舘。

江崎悌三

1 4 5　讓毛毛蟲飛出名字

江崎悌三和早期台灣蝴蝶史簡介

／戴勝

台灣昆蟲史，源自一八六〇年代史溫侯（R. Swinhoe）在台灣的採集爲濫觴。其後有英國外駐高雄海關關員赫伯生（H.E. Hobson）、宣教士甘爲霖（Compell）、鳥人拉圖許（La Touhe）的採集。這一階段的採集均爲平地及低山丘陵的蝶類。

廿世紀初，蘇特（H. Sauter）進入中南部採集（尤其是埔里），英國駐日領事威勒門（A.E. Wileman）、俄國捕帝雉的探險家莫洛查特（A. Moltrecht）進入阿里山高山地帶，始進入高山蝶類之研究。這時日本也開始昆蟲研究，開端者爲松村松年、三宅恒方，他們與其他歐陸學者在台灣展開蝶種記載的激烈競爭。

一九二〇年代，江崎悌三自歐洲學成回日本後，和著名的鳥類繫放專家內田淸之助共同創立蝶類同好會，一九二九年刋行「Zephyrus誌」。他以美麗的彩色照相版進行台灣蝶類解說的連載，而是時博物學家鹿野忠雄也在該刋進行台灣高山蝶類解說之連載；這些創舉在日本蝶類研究者間掀起了台灣蝶類的研究熱潮。尤其是江崎對台灣蝶類的高明解說，對台灣蝶類知識的普及貢獻極大。

江崎悌三（一八九九～一九五七），昆蟲、動物地理學者，曾任教於日本九洲大學農學部，來台採集二回，輾轉台灣各地，寫成「台灣採集旅行記」（一九二一、一九三二），記載不少有關蝶類的故事，是當時採集者自然報導的典範。第二回的最後之旅，特別記述自己拜訪蘇特的經過，以一位從事自然研究的後輩，不分國籍、種族與政治色彩之差異，向這位先進討教，並爲這位爲台灣默默付出半生貢獻者致以最高敬意。

讓毛毛蟲飛出名字

——昆蟲學者江崎悌三的蝴蝶誌

人物追探

／簡白 譯

八月二十七日，午後三時抵達屏東，隨即驅車前往「高雄州農事試驗場」會見山保禮助氏。蒙山保氏惠贈多枚其辛苦採集得來之半翅類標本。於此地停留一小時，有幸觀賞山保氏其它標本珍藏，種類齊全，製作細膩，想必花費相當歲月，才有此令人欽羨的成績。一小時後，婉拒山保禮助夫婦的款待，搭乘火車北上台南。

晚八時抵達台南，稍事休息。不久，任職位於新化糖業試驗所的高野秀三君來訪。睽違日久，面談甚歡。接著，又電邀植物病理研究員桐生知次郎君前來相聚。直至凌晨一時，大伙談興未有絲毫或減。只因夜色深沉，不得已作罷。

翌日，二月二十八日，晴空如洗，為一天候極佳之星期假日，遂決定當日遊歷台南地區。晨九時，驅車詣安平，參觀名城熱蘭遮。又造訪英國領事館廢墟，今日英國領事館模樣與十一年前所見略同，唯其頂上及周圍雜草叢生。

隨後，步行觀察南向注入海中的溝圳，十一年來，運河開通，附近地勢又有變動，往年此地嘗見之海產水黽Asclepios apicalis *Esaki*，今日尋覓，亦不過取得一尾而已。

午後，拜訪新化糖業試驗所（台灣總督府中央研究所糖業部）。於此，承高野君慨然贈送珍貴標本。仔細參觀所內昆蟲部門和植物病理學部門後，黃昏返回台南。當晚在安平運河附近餐館品嚐台灣風味濃郁的溪魚珍饈，餐後，告別台南友人，北上，深夜投宿嘉義旅店。

是夜夜半，傾盆豪雨中，棲身處所竟爲竊賊偷襲，熟睡中不察，盤纏全數被盜。此事件隔日台北、台南當地報紙皆加以報導。

八月二十九日、三十日，探視台中親戚，並遊覽台中、彰化，此兩地方往昔渡台未曾親臨，今日旅行，方得一覩其市街容貌。三十日晚，返抵台北。

返抵台北後，連續三日前往「中央研究所農業部」觀賞標本收藏，又一晚於舊書肆蒐購古籍及論文報告。其間，九月二日，煩勞友人預爲安排，造訪漢斯・蘇特（Hans Sauter）先生。

同其他亞洲島嶼相較，臺灣之昆蟲研究，得以在穩固的基礎上持續發展。全賴蘇氏於一次大戰前孜孜努力的結果。從某方面來說。蘇氏很多珍貴成績，尤其是儼然已成爲範本的標本作品，散落外國各地，帶給吾人相當大的不便。再者，蘇氏成就雖然可觀，卻沒有獲得應有的名聲。蘇氏根據採集作品所作的研究論文，將近三百篇，以Hans Sauters Formosa-Ausbente）爲總題，陸續發表於各專門期刊。如此一位在臺灣昆蟲學史上值得大書特書的先驅，今日歇其專業，寄身台北市大稻埕一隅。九月二日下午二時，同三輪、高橋兩君連袂拜訪蘇氏寓所。蘇氏體格巨偉，銀髮白髯、唇周髫鬚因吸煙緣故，已成黧黃顏色。令人意想不到的是，蘇氏竟身着浴袍接待我們。今日之拜訪，一者親近歷史人物，略表敬意；二者滿足吾人「博物館癖好」。另外，亦期待蘇氏能以昆蟲學家暨採集專家的身份，賜教其作業準則及相關資料。並且，也想確定蘇氏當時採集地點，以與今日地名核對校正。為此，訪問前夕，曾和三輪、高橋兩君交換意見，預作訪談準備。面對來客一波接一波，如飢似渴的詢問，蘇氏始終溫和親切，以德語、日語混雜的方式答覆。蘇氏之略歷，業已經高橋君記述於「臺灣博物學會會報」（Vol. XVI,P.69,1926），今日吾人親自與聞之蘇氏略歷事實，大抵同高橋君所記。惟不厭其詳，有關蘇氏口述事略，扼要轉錄如下：

一八七一年六月二十一日生，蘇氏生於德國巴伐利亞奧格斯堡，及長，專攻動物學，先親炙於 R.Hertwing 教授，再師事 Eimer 教授，然而，當其博士論文將近完成時，Eimer 教授突然辭世，由於繼任之指導教授遲遲未能定案，蘇氏因此毅然決意跨出學院研究室，矢志自然探險，行人所未行，見人所未見。於是背離故國德意志，遠赴東亞。據蘇氏言，其目的地之所以選定臺灣，實乃當時臺灣仍屬一昆蟲學界未開發區域。一九〇二年五月，蘇氏登臨臺灣，第一枚脚印踏印於安平。此後半年，因研究主題相關，蘇氏主要採集品為半翅類昆蟲。是年歲杪，蘇氏轉赴日本內地，滯留三年有餘，其間，一九〇三年四月起，寓居日本岡山，執教第六高等學校，並與助手龜山結婚。滯留日本本土期間，蘇氏曾發表魚類研究論文一篇。一九五〇年，蘇氏再返臺灣，任職英國茶葉貿易商「德記洋行」。往後因職務故，雖曾轉任橫濱、神戶、台北、安平、打狗等各處「德記洋行」事務所，但主要定居地為安平及打狗，尤其前者，居住時間最長。從這時候開始，蘇氏熱心採集工作，除了當時入山困難的先住民部落外，足跡遍及臺灣原野。前前後後，蘇氏雇用二十名左右日本本土人士協助，並養成訓練彼等熟稔採集作業。蘇氏採集得來的標本，曾多方寄贈、或賣斷給歐洲各地博物館及專家，其採集作品分布相當廣泛，主要爲柏林、布達佩斯、德勒斯登、萊登、倫敦、慕尼黑、斯德丁、維也納等當地博物館。又據稱，位於蘇氏出生地的奥格斯堡博物舘，曾獲蘇氏寄贈鳥類標本。

今日以昆蟲採集地著名的埔里社地方，發現者實爲蘇氏。其後因M博士、N氏等幾名從日本內地前來採集的人士任意破壞採集地環境，蘇氏至爲憤慨，轉而探尋其它地方。遂開拓了南部甲仙埔及阿里港等臺灣昆蟲採集新領域。M博士以前爲蘇氏雇用之採集人之一，卻曾再三將採集品據爲己有，蘇氏對類似彼等之昆蟲學者，至今尚無好感。又據蘇氏言，彼曾進入台北附近阿玉山地區作業，先住民態度和順，並無加害意圖。

歐洲大戰爆發，臺灣昆蟲渡往歐洲路徑斷絕，再者，英商德記洋行以蘇氏爲敵國人士而解雇之。生活頓失屏障，但蘇氏依然止留臺灣，靠積蓄渡日。另外，由於日本政府嚴厲監視蘇氏行動，使其採集興趣盡喪。因之，歐洲大戰開始，蘇氏於臺灣的昆蟲採集工作隨之中止。

大戰結束，蘇氏執教鞭於台北醫事專門學校，並教授兒童鋼琴維生。有關昆蟲採集工作或研究，蘇氏今日全然不抱希望。今日，蘇氏與祖國德意志音訊阻絕，徒侷促台北一隅，同兒女共棲淡水河畔，過著半洋半台式的生活。

「讓毛毛蟲飛出名字」補遺

/莊永明

「探險家在台灣」於二月四日刊載江崎悌三訪問德籍動物學家蘇特的譯文，文末提及：「今日，蘇氏與祖國德意志音訊阻絕，徙倔促台北一隅，同兒女共棲淡水河畔，過著半洋半台式的生活。」這段文字使我想起了「銀髮白髯，唇間髫鬚因吸煙關係，已成黧黃顏色。」的蘇特影像來，於是我翻箱倒櫃，找出音樂家呂泉生贈予我的一批照片，其中有一張即是蘇特（筆者作「紹達」）在徙倔「台北一隅」的全家福照片。

一九八一年，我奉鍾肇政的囑託，撰寫：「民族歌謠傳薪人——呂泉生的奮鬥人生」，當寫到呂泉生創作「搖囝仔歌」的背景故事時，我向呂教授要一張這首代表寶島父母心曲的『男主角』——呂信也襁褓時期照片時，他給我這張照片，除了他們夫妻和小孩外，竟有個外國女人，我很好奇的問：『這是誰啊？』呂泉生告訴我，她是紹達的女兒，「紹達又是誰啊？」於是，呂泉生告訴我紹達的故事。

一九四三年，在日本劇場當職業演唱家的呂泉生，因父親病危，返台探望，一度逗留在大稻埕。「台北放送局」請他在電台擔任半個鐘頭德國藝術歌曲的獨唱節目，由陳泗治鋼琴伴奏，想不到，當時台北醫事專門學校的德語教授紹達在大稻埕家居的病榻中，聽到這個以修伯特藝術歌曲爲專輯的演唱節目。據說，當他聽到故國歌曲時，勾起鄉思，感動得熱淚盈眶。於是，打電話到電台，要求見呂泉生一面，請電台務必用專車馬上送呂泉生到他那裏去，不巧，節目錄完後，呂泉生和陳泗治已先行離去，不久，呂泉生又去了日本，繼續他的演唱事業，兩人終無機會見上一面。

一年後，呂泉生返台，此時紹達已過世。在一次偶然的機會中，呂泉生認識了紹達的女兒，當她告知這段往事時，呂泉生對於這個德國老人有一份莫名的歉疚感，也因此呂泉生和紹達的女兒，成了好友。紹達在台的故居，原是承居大稻埕豪商李春生遺下的一棟二層樓房，後轉租給楊三郎當畫室，再由呂泉生租下做爲他的音樂研究室，也是他創辦厚生合唱團的練習場所。

據說，紹達先後於慕尼黑大學、吐蘭創大學專攻動物學；他於一九〇二年至一九〇三年，及一九〇五年至一九一六年兩度來台，採集動物標本。以後，他與日本橫濱之標本商A.OWSTON合作，在台灣進行大規模標本採集工作；德國某博物館即設有他捐贈的台灣昆蟲標本研究室。

依「台灣省通志」動物篇記載，台灣產動物中，以紹達爲種名，以紀念他的計有：紹達蜥鮫、紹達氏蛙、帶紋赤蛇、台灣標蛇、紹達氏斜鱗蛇、紹達氏遊蛇、紹達氏蛇舅母、台灣松鼠……等，足見他對台灣動物學界之貢獻。

紹達逝世後，葬於六張犁外人公墓；戰後，被毀去。他的女兒返回德國後幾度來台，連墓都不可掃。

這位晚年從動物學界退隱的德國老人，以教授鋼琴，維持生活，是台灣私授鋼琴的先驅者，但徐在「台灣新音樂史」上記上一筆。當年，活躍在大稻埕的狂飆時期文學少年，不少人喜歡到他的住處，與他談天說地，廖漢臣便是其中之一。

呂泉生將紹達書房內的一大堆昆蟲方面的學術論著，整理綑綁，捐贈給「台北帝國大學」（今台大前身），不知這些藏書安在？

滯留淡水河畔的德籍動物學家紹達家族
（長男、三男、長女、孫兒）

伊能嘉矩

劃過西海岸的彗星

——一生以台灣研究爲志業的伊能嘉矩

／吳文星

一九二五年九月三十日，自號「台史公」的伊能嘉矩在遠野家鄉與世長辭，其門生故舊分別在台、日兩地爲他舉行追悼會，輿論尊稱他爲「台灣史學權威」。若撇開他研究寫作的立場及其研究成果對殖民統治之作用，上述學術評價可謂相當公允，伊能實當之而無愧。

在日據時期先後投入台灣研究的不少日人學者中，伊能是個先驅者，他早在一八九五年十一月年二十九歲時，即渡海來台；而且，尤其重要的，他是個有志之士，其後三十年間，直至他五十九歲去世爲止，對台灣的研究一日未嘗中斷，可說是以台灣研究爲其一生的事業。職是之故，他的研究業績極爲豐碩，其有關台灣的著作可謂汗牛充棟，單是印成專書者已多達十六種，皇皇十八册（註），其餘陸續發表在報章雜誌上的調查研究專文則不勝枚擧。無怪乎時論稱頌他是倡導台灣歷史及人類學研究的第一人，同時，也是對台灣文獻貢獻最卓著者。時至今日，對從事台灣研究的中外人士而言，伊能的著作無疑的仍是基本的參考書或資料書；參閱引用之餘，每不由得令人對他學識之淵博、功力之深厚，尤其是他狂熱且執著的研究精神，與起由衷的感佩。他在台灣研究的地位，並不因時移勢易而有所改變。

對於一個如此突出的人物，其生平和志業，尤其是其長期從事台灣研究的心路歷程和重要見解，的確頗爲值得我們進一步加以探討。

出身書香，早年即擅文章且好議論

一八六七年五月九日，伊能嘉矩出生在日本岩手縣遠野町，幼字容之助。祖父伊能友壽對日本國學造詣高深，外祖父江田霞村則爲大儒安積艮齋的得意門生，亦是當時的名儒，父親守雄習醫於東京帝大前身—大學東校，是個特立獨行且思想進步的人，三人特殊的資質渾然成爲伊能嘉矩人格的基本。他天資聰穎，二歲時，尚在襁褓中，即能吟誦蘇東坡的赤壁賦。

然而，伊能的生涯自始即十分坎坷，年甫三歲即喪母；翌年（一八七〇），父親遠赴東京習醫，所以全賴祖父母撫養長大。一八七四年二月，上小學，一八八〇年四月，自小學畢業。據他十七歲時所寫的「鹿之狸自敍傳」，可知他於十一歲時即投稿「遠野新聞」，顯示他自幼即喜歡舞文弄墨且頗有文才。

小學畢業後，本有志於步父親後塵而習醫，故曾用心於醫學研究；同時，在外祖父所開設的敬身塾研習修身、歷史及文章之學，並跟隨祖父進修日本國學。不久，因欠缺學費，乃不得不放棄習醫之志，一心研習漢學。當時，伊能年輕氣盛，受到澎湃洶湧的開設國會運動之影響，乃與同志共創「開知社」，鼓吹地方之開化。此時，曾著「征清論」一書付梓刊行，爲其著書出版之嚆矢。由此亦顯示出伊能早年即深受日本社會思潮的影響，而懷抱擴張侵略中國的思想，並著書鼓吹以推波助瀾。

師校中途退學，轉而醉心於人類學

一八八五年三月，伊能時年十九歲，首途負笈東京求學。先是以優異的成績考上斯文黌中等科，但入學翌日即因學費無着而退學。五月，改入學二松學舍。是年，以漢文寫作完成「日本維新外史」一書，分前記、正記、後記三部分，敍述明治維新的背景、經過及結果，書中已處處顯露出他犀利超羣的史識。

就讀二松學舍一年有餘，此一期間，他對時政頗爲關心，並勤於蒐集有關的資料。一八八六年底，伊能獲推薦入學岩手縣立師範學校。一八八九年二月十一日日本憲法公布，全國各界舉行盛大慶祝活動，伊能與三名同學乘機鬧事，藉口報復高年級生平日的橫暴，鼓動住校生鬧事。事後，伊能等四名主謀者遂遭勒令退學。

退學後，伊能再度至東京。其時，雖有志於文學研究，但因無錢入學，僅靠寫作維生，並利用圖書館看書。一八八九年秋，進入東京每日新聞社從事編輯工作，利用餘暇至兩三個私立學校補習日文和外文。一八九一年夏，轉入東京教育社，擔任「教育報知」雜誌總編輯。越二年（一八九三），應聘出任「大日本教育新聞」編輯長。翌年，中日甲午戰爭之際，出版「戰時教育策」一書，頗受日本朝野重視，故不久即再版。

此一期間，自一八九三年起，拜日本人類學之父坪井正五郎博士爲師，隨之研究人類學。一八九五年，與同好鳥居龍藏共商，創立「人類學講習會」，揭櫫該會目的在於補東京人類學會之不逮，每週開會一次，藉以普及人類學知識和資訊給新學者。伊能何時加入東京人類學會雖不得而知，但在該會於一八九四年十月編的會員名册中，已見其列名其上；是年，並曾在人類學會演講；翌年一月，於「人類學雜誌」發表「遠野鄉」一文，在日本鄉土研究方面，伊能亦是先驅者之一。

伊能深感有必要以日本鄰近諸民族的語言作爲人類學研究的輔助工具，乃於一八九五年在東京「朝鮮支那語學協會」，隨中國人學中國官話，兼習韓語及蝦夷語。

要求到台灣調查研究原住民

一八九五年四月，根據馬關條約，清廷將台灣割讓給日本，伊能爲了研究台灣的地理、歷史及居民，於是毛遂自薦，投書當局要人，要求准予前往台灣。他在意見書中首先表示台灣收歸日本的版圖後，日本國民不但須在政治上和實業上致力，使之成爲日本武備之關門及殖產之要區，而且須進一步講求統治、保護及誘掖該地「番民」之法；而後者看似容易其實甚難。指出台灣的居民分爲漢人、熟番、生番三種，統治漢人不難，但對熟、生二番則必須先詳作調查研究，然後講求治教之道；蓋向來對「番人」的體質、心理、土俗、語言、各族間的相互關係，以及與附近島嶼的各種族之關係等均欠缺研究和了解，實有待假日本國民之手在政治上和學術上加以闡明發展。

他强調雖然傳聞「番地」險惡，但「自古許多探險家之所以能闡明前人未發之隱微，擴大知識之領域，並非逸居於衽席之上即可拾得功果，而是冒百難，不顧萬死，率先挺身，進入蠻烟瘴霧之間，渡涉祁寒無橋之水，攀登隆暑無徑之山，絕望復絕望，瀕死復瀕死，僅得之於僥倖三還之間，無不成就偉績。」正因爲如此，近代歐洲許多探險家雖喪生新大陸異域，但其所遺留之日記對學界助益良多，其死全然異於犬馬之死。最後，伊能表明其效法之決心，請求當局讓他有機會得以達成探險「番地」之目的，說道：「余嘗抱修習人類學之志，數年來致力於斯學之研磨，期望能闡明亞洲各人類的系統關係，而聊補學界於萬一。現斯學的寶庫台灣歸我版圖，非但在學術上，甚且在將來治教需要上，已遭逢宜儘速從事調查研究之機。吾人有志於斯學者，豈可不於此時奮起！余性不敏，見寡識淺，對所謂熟、生二番鮮有所見。因此，欲挺身排難，遠入番地之間，探討審覈，以貫徹宿志於萬一。」

他這種欲貫徹研究宿志而置生死於度外之豪情，終於獲當局的首肯。一八九五年十一月，他如願以償地以陸軍省雇員的名義渡海來台。雖然當時展開研究工作頗爲困難，但他一踏上台灣的陸地，即立刻著手預定的研究。十二月，「人類學雜誌」即刊出他所投寄的「台灣通信第一回」。翌（一八九六）年一月，該雜誌的「台灣通信第二回」報導他與田代安定發起組織「台灣人類學會」，並擬定該會臨時規則；二月，「台灣通信第三回」則報導宜蘭地方的「番社」狀況。其後，「人類學雜誌」每期均有「台灣通信」一欄。是年九月，東京人類學會學行創立十二周年年會，會長坪井正五郎於演說中特地稱揚伊能的報導，說道：「伊能氏著眼精細，記述親切，其報導尤其值得讚揚，讀者諸君可能亦有同感吧！」

「番地」的探險和調查

不久，伊能轉到總督府民政局工作。其時，日軍仍到處進行軍事鎮壓，故鮮能從事有系統的學術調查。伊能爲了便於來日的研究工作，於是進入總督府所設的「台灣土語講習所」，學習閩南語，並研究台灣原住民的泰雅族語；此外，利用書籍自修馬來語。其後，他進而調查台灣原住民各族的語言，編成了一部「台灣番語集」，另一方面，嘗試將「台灣番語」與馬來語作比較研究，結果，爲精確地證明「番語」的結構亦屬於馬來語系奠定了基礎。

一八九六年四月，總督府廢軍政改行民政，伊能應聘擔任總督府囑託，負責從事編纂事務及原住民的調查工作；同時，開始着手研究台灣歷史、地理等。關於前者，據伊能自述，調查經過大致如下：

「明治三十年（一八九七）五月，我與同事粟野傳之丞奉命後，踏上探險此闇黑番地之途，其後，幾近二百日，走了約五百餘里。由台北東南的屈尺方面之山地啓程，跋涉大嵙崁、五指山、南庄、大湖、東勢角、埔里社等地之山谷，漸次南進，經水沙連番境，踏查林圯埔、雲林、嘉義、番薯藔番地；由海路赴恒春方面，視察所謂瑯璚一帶番界；再由海路登陸卑南，向北穿越台東縱谷平原，探查奇萊方面之番境；進而第三度由海路航行至紅頭嶼孤島。此一期間，除台東之平地外，餘均是山徑參差、鳥道盤旋，大多係不易跋履之地，時而穿荊莽、攀籐蘿，時而越絕壑、涉激潭，雖盡可能深入其境，實地勘查，但往往受阻於天然和人爲的障礙，有時陰霖連日、溪流漲溢，而斷絕行路，有時匪賊猖獗，逞兇暴於前路，遂不得不中止預定計畫，而一再遭遇變更既定方向之頓挫。加以，對頑强不羈、排外思想尚熾烈的番人而言，概均不喜外人窺伺其境，而且以馘首之多寡別勇健之高下的習俗更加助長其排外，故將進入其山者當作奇貨而加以殺害之例，實爲數不少。我等一行遭遇此等危機險罹奇禍前後兩次，雖幸而均得化險爲夷，但一度到達此地竟未能完成充分的調查；或當遭遇因番人固有的習慣之禁忌而不得入番地時，雖用盡一切方法，仍無法前進一步，則惟有待禁忌時限之經過。因此，常事倍功半，成果僅是預期的十分之一。

[illegible]明治二十九年（一八九六）五月曾踏查台北平原，九月曾踏查宜蘭一帶；明治三十三年（一九〇〇）八、九兩月，經澎湖島，跋涉台南、鳳山等地之番地。」

經上述歷經艱險地對原住民作詳細調查之後，除編成前述「台灣番語集」之外，先後完成「台灣番人事情」（與粟野傳之丞合編纂）「台灣番政志」兩書，其中，最值得學界注意的，乃是對台灣原住民種族的分類，亦即是將台灣的原住民分為泰雅(Taiyal)、布農(Vonum)、曹(Tso'o)、賽夏(Tsariseu)、排灣(Paiwan)、漂馬(Pyuma)、阿美(Amis)、及平埔(Peipo)等八族，而公諸學界。此一分類法後來不僅為總督府所採用，且廣為學者所接受和引用。

勘察台灣史地與蒐集文獻資料

至於對台灣史地的研究，伊能自始即實地踏查與文獻蒐集並重，蓋其認為「為達到格致之目的，一面雖宜以實地踏查，闡其微而顯其幽；但同時亦須蒐羅古今文書，利用先輩之知識。」日據之初，由於全島各地武裝抗日紛起，總督府則肆行武力彈壓，造成許多典籍圖書的散佚，重要的文物古蹟亦往往遭到破壞。伊能有感於此，乃致力於向海內外蒐購已出版的有關台灣的圖書，同時，向島內舊士紳家徵求私藏的各種有關的文獻；並利用在台灣各地旅行出差之機會，踏勘史蹟、寺廟、碑文、牌坊等，致力於考證資料的蒐集。

伊能從事旅行調查十分縝密周到，例如一九〇〇年七月前往台南縣調查時，以「南遊日乘」為題的日記中訂有三大準則：第一、即使有疾病或其他事故，該日所調查的事實仍必須當日整理之。第二、達到科學性調查目的之秘訣在於「注意周到」四字。其後，當面臨記述時，雖只是細微之處有不明或疑問，但仍係注意不周到之罪。第三、以周到的注意進行調查，必須將結果周到地記述之。為遵守上述準則，即使在八月二十八日從鳳山前往打狗（高雄）途中，遭遇暴風雨，所乘人力車翻覆泥水中兩次，身體行李盡濕，以致感染瘴氣的情況下，他仍強忍著病痛在床上記述調查結果。

伊能在台期間，除了出差及旅行調查外，終日埋首於研究，據時人指出，伊能寓居台北府前街的「南洋商會」旅館之一室前後長達七年，幾乎斷絕與朋友同僚之俗交，有關台灣的古文獻及歷史資料堆滿狹窄的斗室，早晚除了埋首於台灣史學的研究外，全然別無旁騖，因此，「南洋商會」老闆對他篤於道而志於學深表敬佩，稱道他是個神人，並命女僕役細心照料他。當時，伊能與館森袖海、小泉盜泉等有「三大怪人」之稱，但對台灣文獻的貢獻則以伊能最多。一九〇二年，伊能與小林里平合撰「台灣年表」一書，在凡例中表示該書雖以「台灣年表」為書名，事實上，年表不過是一部分，主要的則是藉此將研究台灣所必要的文獻盡可能蒐羅無遺。該書所開列的「關於台灣的文獻目錄」，計有中文一八一種、日文七九種、西文四九種。同年，伊能編撰「台灣志」二冊，附言中列出其所參考的主要的台灣文獻計有中文七十六種、日文六十四種、西文二十種等，至於一般文獻中內有台灣資料者及契約、圖書、字據等古文書則尚未包含在內。由上已可略窺他蒐羅之豐富。

在「台灣志」小引中，伊能表示他為了對台灣的原住民和中國移民作人類學研究，因此留在台灣從事實地調查已歷六寒暑，而不敢「須臾離開」。進而表示：「所謂實地調查住民，在於策畫將來的事宜，不只是將其視為偏限一方之地區而孤立起來作人類學研究；亦必須考覈台灣一地在世界的發展大勢上將居什麼地位，以及啓導化育住民的結果在台灣的統治上將會產生什麼影響。因此，常事從台灣的地理、歷史，探討故制舊習的情況，以作為其研究之資料。」

爲了達成上述目標，且鑑於「台灣開始被介紹到世界以來，已有三百餘年，此期間雖經許多變遷沿革，但其種種仍依然鎖於天府之秘鑰，而未脫混沌未鑿之狀態。」伊能乃編成「台灣志」，希望能因之打開此一「秘鑰」，並「籌畫正確的善後事宜」，作爲日本經營新領土之資。要之，他希望以科學及實證的研究成果，作爲殖民統治的參考和採擇之用。

伊能的研究態度頗爲審愼和認眞，爲求眞確客觀，除了不時與村上直次郎、小川尙義、小西成章、田代安定、栗野傳之丞、鳥居龍藏等志同道合者相互切磋外，並曾向在台的西班牙傳教士請教一六二六—一六四二年西班牙占領台灣北部之事蹟，向美國領事請教淸季美國在台的事蹟，甚至爲了了解淸朝的制度和習俗，而特地隨原劉銘傳的幕僚李少丞硏習淸朝的會典、律例等。

一九〇〇年十月，在台的日人官民組成「台灣慣習研究會」，成立之初，伊能即被推擧爲負責實務的七名幹事之一。翌年一月，創刊「台灣慣習記事」月刊，刋載有關台灣的法制、經濟、歷史、地理、教育、宗教、風俗等之調查和研究，經常可見伊能的作品刋登其上。

由於伊能對人類學的實證研究貢獻甚大，因此，一九〇四年東京人類學會擧行二十周年慶祝大會時，會長坪井正五郎乃特別致贈「表彰狀」和「功牌」，以表揚他對日本人類學界之貢獻。

返日後繼續從事台灣研究

迨至一九〇五年底，伊能在台從事研究已有十年之久。爲了專心著述，並侍奉年邁的祖父，於是伊能向總督府請辭，返歸鄉里遠野町。其後，仍不時來台。

返日後，開始着手撰寫「台灣文化志」，並應吉田東伍博士之邀，負責「大日本地名辭書」台灣之部的撰寫。一九〇六年九月起，應總督府之委託，編纂「理番誌稿」，於一九一二年正式出版。一九〇七年二月起，受臨時台灣舊慣調查會之託，從事有關番情調查資料之編纂。直至一九二二年，總督府設置「台灣史料編纂委員會」時，仍力邀其擔任委員，並負責「清代之拓殖」之部的調查研究；一九二四年，該會取消，可是伊能並未停止其負責部分之研究，並向摯友尾崎秀眞表示：「歷史是我的生命，不論是在朝或在野均是如此，委員會的廢除，與我素不相關。」進而與尾崎相約將獨力完成台灣四千年史之研究。此外，經常以梅陰、梅陰子、蕉鹿夢、台史公等別號，在「人類學雜誌」、「台灣日日新報」、「台灣時報」等報章雜誌上，發表他的研究成果。要之，他自一八九五年起至一九二五年去世止，三十年間對台灣研究始終未嘗間斷。

遺著「台灣文化志」刋行，奠定在台灣研究的不朽地位

一九二五年夏，伊能染患熱病，雖百方講求醫療手段，但延至九月三十日終於與世長辭。十月三日，於自宅舉行告別式，旋即火葬。

葬禮舉行翌日，其門生板澤武雄與遺孀清子刀至其書齋查看，發現書桌上擺著遠野縣史的資料和「台灣文化志」手稿一大册。該手稿扉頁一角註明「校了」兩字。後經板澤之奔走，得「東照宮三百年紀念會」補助一、二五〇日圓，東京刀江書院於一九二八年正式出版。

「台灣文化志」分上、中、下三卷，舉凡台灣歷史幾完全包羅進去，分別由政治史、工業史、農業史、理番史、藝文史、交通史、商業史等專史所構成。多達一〇一三頁。誠如板澤所

誌的評言乃是伊能從事台灣研究的集大成。當時日本經濟學界泰斗福田德三在序文中對該書作極高的評價，他表示：

「作者並不以其廣泛的涉獵為滿足，並對所有的史實充分地咀嚼，精查其相互關係，使人一閱讀即了然於台灣文化諸象發展之跡。其史識隨處燦然而大放光芒。與之相配的，乃是作者經世的考量。在某一意義上，台灣文化志乃是一文化的百科全書、年鑑及檔案書。換言之，雖稱之為現代化的台灣文獻通考亦無不當。」

日本民俗學的創始人柳田國男則稱頌伊能不啻是對南方新附國民作人類學研究的首倡者。指出伊能立志修史，由此文化志之巨著充分得證。推崇伊能一生致力於鄉土史、庶民史研究之可貴，而「台灣文化志」無疑的是「地方研究的獨立宣言」。要之，該書不僅使伊能「台灣史學權威」的地位更為鞏固，更奠定他在台灣研究的不朽地位。

（註）十六種專書分別是「台灣番人事情」（一九〇一）、「世界に於ける台灣の位置」（一八九九）、「台灣志」二冊（一九〇二）、「台灣城志」「台灣行政區志」合刊一冊（一九〇三）、「台灣年表」（一九〇三）、「台灣番政志」（一九〇四）、「台灣に於ける西班牙人」（一九〇四）、「領台始末」（一九〇四）、「領台十年史」（一九〇五）「台灣巡撫としての劉銘傳」（一九〇五）、「台灣新年表」（一九〇七）、「大日本地名辭書」台灣之部（一九〇九）、「理番誌稿」（一九一二）、「傳説に顯はれたる日台の連鎖」（一九一八）、「台灣文化志」三冊（一九二八）等。

主要參考書目：

1.伊能嘉矩「台灣文化志」（東京，刀江書院，一九二八）。

2.伊能嘉矩「台灣志」（東京，文學社，一九〇二）。
3.伊能嘉矩・小林里平「台灣年表」（台北，琳瑯書屋，一九〇二）。
4.台灣總督府民政部殖產局「台灣番政志」（台北，台灣日日新報社，一九〇四）。
5.伊能嘉矩「領台十年史」（台北，新高堂，一九〇五）
6.張勝彥「簡介伊能嘉矩之生平與著述」「台灣人文」創刊號（台北，一九七七、十）
7.「台灣慣習記事」
8.「台灣時報」
9.「台灣教育」
10.「台灣日日新報」

鹿野忠雄

博物學家鹿野忠雄簡介

／宋文薰

一生充滿傳奇的鹿野忠雄，少年時代已來台就讀台北高等學校，日後所學範圍更橫跨台灣的昆蟲、鳥類、哺乳類、生物地理與人類學。他從事的各種研究報告，也深為後學人士所推崇。

台灣素來被譽為「高山國」，卻殊少高山文學的作品。鹿野的代表作「山與雲與台灣土著民族」，雖是散文遊記，但充分地融合了淵博的人文學識，應是早期台灣高山文學的典範巨著。

本文系摘自其書中的一篇：「玉山東峯攀登記行」。玉山東峯是國內最險峻的惡山之一，與奇萊山齊名，特選本文譯述刋載。

一九五二年出版的「東南亞細亞民族學先史學研究第二卷」所刋載鹿野忠雄的簡歷如下：

一九三三年　東京帝國大學理學部畢業

一九三四年　任台灣總督府僱員從事高砂族及南方民族的研究

一九四一年　理學博士

一九四二—四三年　任日本陸軍僱員赴菲律賓，從事學術機構的整理及民族學研究，創設

菲律賓史前學研究所

一九四四年六月任日本陸軍僱員赴北婆羅洲，從事民族調查，至今尚未歸國。

該書編者馬淵東一及瀨川孝吉在其「後記」中說：「鹿野氏立志從事台灣的研究，而在一九二五年進入了剛設立的台北高等學校。他是從小就對昆蟲研究發生興趣，因而在其研究台灣的初期，注重生物學方面，但當他接觸了台灣土著族之後，則掀起關於文化人類學的關心。當他還是高等學校學生時，得了『博士』的渾名，足迹所至遍及台灣各地，並曾因耽溺於山地，而有曠考的情形。編者時為台北帝大學生，而自從與他一起作過圓山貝塚之發掘與蘭嶼的調查以來，把他當作酒友、食伴以及議論的好對手。一九三〇年鹿野忠雄進入東京大學理學部地理學科，從事生物地理學研究。……他在生物地理學方面所作的貢獻不少，尤其將新華來士線延長於台灣與蘭嶼、綠島之間，是需要大書特寫的。」日本學者最近發表，鹿野忠雄赴婆羅洲後，因為與土著民族過於接近，觸犯日本軍方禁忌，而遭憲兵槍殺。

筆者曾經寫過，我「沒有資格談論已故鹿野忠雄在生物地理學上的成就。不過，以台灣為中心的東南亞考古學與民族學研究而言，鹿野博士的功績是不朽的。從他的第一卷遺著『東南亞民族學先史學研究』（一九四六，一九五二），以及與瀨川孝吉合著 An Illustrated Ethnography of Formosan Aborigines The Yami Tribe等，即可見其一斑。至於未收錄於這二卷的論文、報告等，如有人能將之收輯，並出版成第三卷，甚至於第四卷，當更能顯出鹿野忠雄在這方面的成就，也給後學者莫大的方便。」（連照美譯，「故宮季刊」十四卷三期，頁三十九，民國六十九年）鹿野忠雄另有一本關於台灣的專書，「山與雲與台灣土著民族」（一九四一年，東京、中央公論社出版）。

山・雲・台灣土著民族

——博物學探險家鹿野忠雄的「玉山東峯攀登記行」／簡白 譯

一、

或爲淒絕的山容所懾服，或爲壯碩的岩壁所阻撓，因此緣故，有志於攀登玉山東峯者幾稀。玉山四方，羣嶂亂岳聳矗，站立玉山主峯頂端的登山者，在興奮大呼快哉之前，當被玉山東峯化石般的山砦模樣所吸引。幽寂如廢墟，險惡如厲鬼，玉山東峯，此一妖形怪狀的峻巖，隔着像是被鏃鑿凹陷的斷崖之間的空虛，與玉山主峯皆目對峙。其充滿挑釁模樣的岩壁肌理，於陽光照射之下，呈現鈍灰顏色。在容易坍塌的斷崖底部，因不堪風雨磨削而墜落的砂石，如屍體般層層堆積。

五年前造訪玉山，於主峯頂端滯留整整二日。爲何當初不曾興起攀登東峯的念頭？或許，彼時征服絕嶺的豪氣尚未湧現，而人類好戰的本能卻已飽受驚嚇，逸失殆盡。每思及此，總爲自己的怠惰埋怨不已。然而，也因此更增添對玉山東峯此一未知世界的嚮往。

抵達新高駐在所，我的眼眸，我的心靈，完全爲玉山東峯軒昂的氣慨吸引住了，有如與久別的戀人重逢，難抑激動之情。凡人變異，唯山永恆。在我熱切的目光裏，玉山的身影，比平素思念中的景像更加鮮明，林木無恙，靜靜悄悄，往日情狀，於焉重現。從蜷踞於右方、親近主峯的岩山，經刀刃般的脊稜，玉山東峯，即崢嶸其上。此地目之所見，敢誇是台灣最令人蕩氣廻腸的岩石山容。由椴松林的頂線算起，高達二千尺的壯大峭壁，迫在眉前，仰望其超拔的巓頂，教人頸骨酸疼。

於新高駐在所起臥數日，一得空暇，經常目視東峯雄姿。長䠷並列的針葉樹木在後，並以粗荒的谷川和高闊的岩壁作背景，身處於有如阿爾卑斯山羣中小屋般的駐在所，朝朝暮暮，爲東峯魂廻夢縈。即使在愣睜入神之際，也不免爲登山路徑作種種設想，而懊惱異常。

縱然如此，時間依舊飛快流逝。在攀登玉山南峯及南玉山歸來之後的二十八日（一九三一年）夜裏，內心毅然決定：「攀登東峯，就在明日。」思及即將摟抱久經相思之苦的玉山東峯肌里，不禁興奮難抑。

二十八日夜晚，正値陰曆十五月圓。皎潔的白兔，盤桓於萬里無雲的天空。此刻，海拔高達一萬尺以上的高山霜夜，萬籟俱靜，有如凍結般沈默。惟有漫天輝耀的青白星光就像冰雪一樣，在栂樹的墨黑髮際刁鑽，或反射在東峯幽闇的岩壁間，晶瑩剔亮。

二、

攀登玉山東峯，考慮的路徑有二。一者是先登主峯，再下鞍部，然後攀緣東峯西側而上。另一者則取道由東峯延至八通關的東北山稜，再循其山背而上。此段山稜，橫越荖濃溪上游河谷，擴張至新高駐在所前方，成爲猙獰粗獷的岩壁。

從得以仰視望見東峯張臂模樣的此地，繞行龐巨的主峯，以到達東峯山麓，這條路徑，免不了還是會令人擔心。雖是途中會有高大急峻的峭壁，但既然繁茂的針葉林木和箮竹處處可見，則勉强攀登，應不致有重大障礙。關於這點，同行友人眞瀨垣氏與我想法一致。因此，並無深入詳談，我們便選擇上述兩條路徑中的後者。

然而，待晨曦初綻，陽光更加鮮明時，定睛遠眺尚未細究的路徑，才知道實行並非易事。其近乎垂直的巨岩，使我們不得不打消最初擬就的計畫。無可如何，將目光移至靠近東峯的方向，那兒存有針葉林木簇生的急斜面，並且，稍稍令人心慰，彼處亦有谷溝交錯的山壁。我們知道，這就是我們唯一可以選擇的路徑了。

三、

八月二十九日午前五時四十五分，我等一行三人，從新高駐在所出發，沿着熟悉的玉山主峯登山路徑而行。前回南玉山之旅，歸途曾飽受飢餓之苦，因此，這回除了百尺長的繩纜之外，還請馬奇利（原住民）背負相當多的食物。

此時，陽光尚未照臨的谿谷，稍微陰暗。而玉山東峯最末端的岩壁卻已淋滿晨曦，呈現丹朱顏色，於透明的空氣中顯得極爲搶眼，其潔淨的身姿，令人不禁停足注目。

昨日所決定的東峯登山路徑入口，應該位於能高越標高之處，我們在近六點時到達這地方。爲了在激烈的攀登行動之前稍做休息，我們於一溪畔小坐。此地周遭的椵松林木，於晨靄的冷涼中顯得相當幽靜，而繞經此間的溪流，以輕爽愉快的節奏，巡游而過。

不久，悄悄起身，誰也沒有說話，卻滿懷期待心情，離開玉山主峯登山路道，往佈滿椴松的急坡邁進。昨日所預定的路徑，到底實際位置如何？實在難以確認，只得一味鑽進想當然耳的森林裏頭，往上攀登。雖然原先意料中的箭竹林始終未能出現，帶給我們幾分不祥的預感，但雙足踏着有如柔輭墊褥般的青苔，令人倍感舒暢，懼意全消。我們精力十足的步履，有時踩到腐木，輕脆迸裂的聲響，在寂寥的森林中廻盪不已。

明晃晃的日光，此時注入陰鬱的空氣裏，仰望上方，終於可以瞧見森林盡頭，並且，透過樹間空隙，赫然寬闊光禿的山坡斜面在望。是不是已靠近東峯岩壁了？現在走的是不是預定路徑？我們半信半疑，一方面加快脚程。就近確認，果然不出所料，此路徑與預定不符，但的確是距東峯不遠了。

氣勢震懾人心的斷崖峻嶒在前，仰目而視，右方是從距東峯頂端不遠處筆直垂掛下來、像屛風似的峭壁，左方同樣是一座模樣高傲的岩壁，而居兩者之中的是一齜牙咧嘴的巨大山溝，深剜狠切，急轉直下，延伸至我們的脚尖之前。山溝中足足有一人環抱大小的岩塊，任意重疊，而粗巨的椴松，慘遭攔腰斲斷，徒剩傷枝殘木露出土表，呻吟苟存。如此景象，正足以說明玉山山神的凶惡脾性。也可以想像得到，就在此峽溝中、砂土被大舉沖洩而下的慘烈情形。

當初選擇登山路徑的時候，雖大致判斷應有此山溝的存在，但是，卻沒有想到砂土會鬆脆到如瀑布般灑落。豪雨之日，景象如何？震駭山谷，響聲隆隆，一定是肇因於此一山溝。台灣山岳之中，最令人恐懼的便是山崩，仰視此一令人怵目驚心的土砂流道，不禁教人望而卻步。

此刻，砂土沉靜安謐。連日來，天氣晴朗，使得岩面乾燥，摩擦力增加，雖然免除了上方土石自然鬆動坍塌的危險，但也許隱藏着殘酷的陷阱。話說回來，「自古成功在於嘗試」，假使百般顧慮，則曠日廢時，因此立定主意，決意尋覓出先前業已定就的登山路線，取道東北山稜。因攀登玉山南峯及南玉山的成功，而滿懷勇氣、無懼任何危險的同伴眞瀨垣氏聞此提議，神情亢奮，躍躍欲試。菸蒂踏熄，繫緊草鞋紐帶，並催促馬奇利準備上路。只見馬奇利應聲答應，卻是一臉驚愕，訝異不已。

惟恐脚下的石塊崩塌，我等三人，小心翼翼，一步接一步往上攀爬。空曠的傾斜岩壁，時時有鬆岩墜落，令人膽寒。在傾斜度極大的岩壁上，我們常常停止攀爬動作，暫求喘息。此刻，因了悟周遭環境的險惡，我們感覺彼此的生命牢牢牽繫，像兄弟般親密。

像從地獄匍匐而上的蟻蟲一樣，我們行進非常緩慢，好不容易才到達傾斜岩壁的半途，俯視下方，先前與之苦戰惡鬥的岩屑砂土，於遠處伸展成爲小巧優美的扇形谷道。此一景致，眞教人意想不及。前方，高聳的玉山北峯之秀麗山體，從山身十分之八處起，爲晨曦淋染成橘紅顏色，而無雲的天空，展現水藍藍的笑意。慢慢地，橘紅色晨曦，像簾幕般，延伸至方才尚是陰暗的山坳。此情此景，令精疲力盡的我們，頓時身心爲之一變，爽朗舒暢。可惜遇此好景，卻無能常居。我們必需離開是地，再次踏上征途。

懷着忐忑不安的心緒，我們一邊留意鬆動的石塊，一邊往上攀登。漸漸地，先前令人提心吊膽的墜石聲，現在已不教人那麼在意了。其間，傾斜度次第增加，砂石減少，終於顯現出露岩，而山溝幅度變狹，兩側凄壯的峭壁，像灰色的屏風，環立左右，右邊的峭壁，峻峭如從東峯頂端筆直垂落此處，其刀斧削砍模樣的絕壁，上頭有水平紋路。且兩三岩窟與之成直角相交。而左側的峭壁，很明顯的，爲結構較爲鬆脆之「尖嘴猴顋」狀的岩石所構成。

往上瞧望，我們此刻正在攀爬的山溝，延伸爲狹窄的刻痕，直到左右峭壁之間的頂端，這種情形令人感到不安。因爲，登至山溝盡頭，再取道狹窄刻痕時，萬一其背後爲斷崖，則此行將更增險巇。雖然可以緣右方岩窟攀爬，一探究竟，但由於上頭之岩石硬度難以信賴，一考慮到墜石，便教人不得不打消此念頭。只好繼續沿山溝爬登。台灣山岳地形，假使分水嶺山脊一方爲斷崖，則相對的一方大都傾斜度較爲緩和。衷心期盼，玉山東峯的情形，亦不例外。

突然，我脚下的岩壁塌了，來不及更換立足點，整個人連同一大塊岩壁墜落一丈有餘，說時遲，那時快，還好靠緊急翻掌攫住岩石，才免於更往下掉的慘事。可是，肩膀仍被兩三塊碎礫擊中，極度用力的手腕也流血了。遠在我下方的馬奇利，大驚失色，躲開碎礫。往下墜落的岩石，如有意呼朋引伴般，一路尖嚎，往下湍奔。我等三人噤口不語，紋風不動，直等到聽見墜石碰觸沉積於地面之岩礫堆時所發出的悶聲爲止。當時，我們的位置，眞瀨垣氏在上方，而我正處於中間。剛剛發生的險事，想必是由於岩塊本來就不十分結實牢固，再因爲曾經眞瀨垣氏的踩踏，所以更加容易鬆動。在墜落的瞬間，我與其說是感到恐怖，不如說刹那間精神恍惚，意識一片空白。隨後，同件皆爲我的平安無事深覺慶幸。

雖然時間爲此一事件略有躭擱，但我的心情却因此激動，血脈高漲，又悲壯、又興奮。我也清楚，既至此地步，已不容退縮了，隨後之攀登過程，應該愈加警惕留意。上方尖銳的狹溝岩角，頻頻召喚着我們。這次，改換我於前頭先行，兩位同伴跟隨在後，一步一步，往更傾斜的岩壁攀登。

由於爲剛剛發生的事件所刺激，我的指頭和步履，更加小心翼翼。仔細聽後續二人的踩踏足音，再也沒有鬆岩墜落的情事發生。緊張中，時間容易飛逝。我們一邊留意岩壁動靜，一邊謹愼立移。漸漸，上方如刻痕般的狹溝近了，甚至伸手可及。狹溝背後，究竟地形如何？眞敎人惴惴難安。

待登至狹溝頂端，不禁鬆一口氣，有得救的感覺，眼睛本來已習慣峽谷的陰暗，此刻卻爲輝耀的朝陽所眩目。明晃的日光之下，景狀與陰暗的峽谷迥然不同。舒緩的斜坡往東滑落，其上白色的砂地與柏槇植物羣相當醒目，果然斷崖在此絕跡。雖是仍舊望不見玉山東峯頂端，卻覺得相距不遠了。現時，我內心像成就一樁事業般，歡欣鼓舞。此刻，二十九日上午七時五十分。

四、

心情愉快之餘，想抽菸助興，但由於渴望一睹絕頂面目，便作罷吸菸念頭，繼續攀登。右方高峭的急斜面，似乎延伸至玉山東峯頂端，我們便緣此斜面攀爬而上，雖然是傾斜度甚大的坡面，但由於上頭槇柏錯落，因此，即使險巇環生，也終能化險爲夷。陽光傾瀉，崩頹累積的礫堆中砂煙裊裊。我們無懼身上石屑拌和着汗水，持續往高處行進。

不多久，上方出現崔嵬直逼青空的尖巒。就近一探，至其岩壁盡處，而南面另有更高的巉巖聳矗，逼視此地。當然，那就是玉山東峯的主峯了，其上錐狀的兩座人工堆積而成的石標，便是證據。原先已知東峯由兩處山頭組成，我們現在脚踏的地點，應是其北方山頭。

現在時刻是上午八點正，我們共才花去兩小時的時間，實令人寬慰。此地至東山主峯絕頂之直向距離不遠，思及此，心情爲之鬆懈不少。

遠方雲海湧動，四、五日來，今天爲最是艷麗的晴日，秋陽照臨高山谷間，於東方之中央山脈羣中，秀姑巒山和馬博拉斯山更形高聳，其頂部爲鱗狀雲所掩覆。玉山南峯如鷲鳥展翼般的山體，於主峯左肩虎視眈眈。後方，玉山北峯全身沐浴着陽光，其佈滿森林的山麓，延伸至八通關。而大斷崖傲踞於西北側、我們先前經過的溪流，在其下方，取道椴松羣邊緣，河身閃閃發亮。再往下尋，左側可見懷念的新高駐在所屋頂。

一邊眺望四周，一邊吞雲吐霧，暫時於此支峯頂部逍遙。露岩遍佈的東峯絕頂附近，其景象應教地質學者雀躍萬分。此處地層之走向及傾斜情形，正顯示在台灣造山運動中，玉山東峯曾遭受强大的褶曲扭折。

我的注意力爲怪異的地層所吸引。在東山主峯與我們所立的支峯之間的凹處附近，清晰可見其絕壁邊緣橫亙着圓柱般的寬廣弧狀岩層，往斷崖方向延伸。趨近瞧看，令人吃驚的是，其上頭竟存有鰐魚背鱗或櫟皮似的珍奇雕刻痕跡。

此類教人雖以理解的雕刻痕跡，地質學家稱之爲「漣痕」（ripple mark）。究其成因，在海岸線或較深的海底，由於夾帶適當大小砂石的波浪渦卷運動，便產生類彼模樣的紋路，後來急速沉積，再加上因結作用，於是「漣痕」便保存下來。台灣高山，大部份皆爲沉積海底之水成岩因褶曲隆起而成。覓得質材足以產生「漣痕」現象的砂岩，便能夠發現「漣痕」，本不值得驚訝。然而，在台灣，「漣痕」之發現，恐怕此爲首次。並且「漣痕」於一萬二千八百尺之高地上被發現，此事就全世界而言亦屬稀有。更何況「漣痕」多深藏地層，本不易爲人所知，此次之發現，亦足以顯示台灣風化破壞力之强。進一步而言，珍貴的還不是「漣痕」本身，而是其中蘊含着當初「漣痕」形成時之環境狀態，此爲地質學調查之最寶貴線索。從其弧線彎曲形狀觀察，此地層面應屬背斜褶曲（anticline）。

爲探究顯示東峯絕嶺秘密的「漣痕」，耗費不少時間，終於，我們下斜面，再攀一段岩壁，抵達了玉山東峯主峯之頂端。此時，上午八時三十五分。

頂部相當狹仄，約六坪左右，爲砂岩堆積組成，地表連一絲矮檜的蹤跡也不得見。作爲一終年對抗風雨冰雪削磨之頑强山頭而言，眼前之荒涼情景，與其予人之高傲形象頗爲契合。

曾經，我爲東峯登臨之日，抱懷過無數憧憬夢想。揣測其顏貌，或遠眺，或近觀，或從東南西北各方向、憑空構思其形體。在我的想像裏，有時東峯全身披掛鮮麗的陽光，有時卻爲靄靄暮色所包容。東峯之巔，令我牽腸掛肚如是。然而，待此刻登臨其上，內心卻既感到滿足，又感覺孤寂。

玉山主峯，佇立眼前，龐大赤裸的岩壁橫向擴張，呈現明亮的紅褐顏色。現在，登山者遠離其身，玉山主峯靜悄悄展露出本來面目。其頂端右下方的之字形登山路徑，若游絲般，顯得相當纖弱。從玉山主峯持續至東山峯的脊嶺，在我們脚下延伸爲東峯西壁。

瀕臨正午，陽光依舊照射東峯頂部，但天候已孕育風濤，此爲東風。看得見中央山脈方向，雲湧急速。我等三人，正爲四方壯麗山巒傾心流連，伸首延頸，探看周遭崖岸谷間之際，時間卻悄悄流逝。終於，我們身處的山頭，完全爲雲幕封閉了。八方景象，全部從我們的視界消失。此情此景，教這座荒涼的山頭一隅，更增添幾許的寂寥。

雲深不知處，我等三人，屏氣留意雲靄動向。然而，雲靄始終圍攏緊密，岩石之間，偶然發現一小玉菊綻開花瓣，令人感概其又孤寂，又高潔。凝視趺坐於主峯上的礫座岩堆，令我不禁思及製作此石標之陌生登山友朋。此後之下山路徑，到底如何決定才好？或經玉山主峯返回，或緣東南山稜出Panaiko（大水窟？或其附近—譯者按）；或取東北山稜下八通關。終於，決意採行後者之路徑。此時，我一邊凝視雲霧變幻，一邊思量歸程種種情事。

五、

天候一直無法放晴，只好打消再度眺望景致的慾念。九時三十五分，依依不捨向東山頂峯告別。夙願得償，內心雖覺舒緩，但也爲歸途之山脊是否難以攀越而憂慮。我身心俱感緊張，謹愼由雲霧蔓爬的斜面下移。

從狹溝開始，必經之岩山恐怕不好應付。特別是其地凹凸不平，起伏甚爲厲害。在累石高聳的巖嶂呵護之下，柏槇與石楠頑强地伸枝展莖。激烈的攀越過程使我們汗流浹背。磊磊岩山，連緜長遠。回顧剛剛經過的石巖上方，霧散雲消，只見玉山東峯凝視着我們，像在監探，又像是送別，那是一種既教人恐懼，也令人懷念的容貌。行進間，我們頻頻回首，與東峯遙遙對望。

石岩漸次減少，窄仄的山脊也漸次寬闊，粗巨的柏槇數量亦增多了。此時，日正當中，我們飢腸轆轆，一屁股坐在茂盛的石楠草的絨蓆上，進食午餐。俯望下方，假使忘懷斷崖居中一事，則新高駐在所似乎近在咫尺，一蹴可幾。降行至此地，霧靄離身，天空雲隙間漏下溫和的陽光，陽光中，牛虻慵懶飛動，可聽見其搖晃翅膀的鈍濁聲響。

不多久，我們進入椴松叢林中。椴松林木樹幹粗大，呈寂寥的灰色，地表厚植一層柔輭的苔蘚，有傾頹的樹木，已經腐朽不堪了，狀頗悽慘。苔蘚上清晰可見山鹿躺臥過的痕跡，而腐朽的傾木身軀，長有一朵一朵的蕈菇。鷦鷯的鳴叫音響此起彼落。我等三人，始終默不作聲，靜靜下行。平素朝思暮想的東峯絕嶺，帶給不畏艱辛、爲之思慕、與之親近的我無比的快樂跟滿足。與世隔絕之原始森林特有的溫柔和沈默，教我們持續保有謙虛感謝的心情。

待穿透森林，遍野草莽的山坡赫然出現眼前，從我們站立之所在，可遙見此一山坡之稜線往東北之八通關方向緩降。天氣完全陰霾，雲層增厚，飽含濕氣的東風襲來，高山芒穗纖弱地款款擺動。

惦念歸程，我們緣着忽高忽低的山脊下行。有時雲霧倏然出現在我們底下。我豎起斗篷的襟領，單調地踏着步伐。

林深雲重，一隻牝鹿昂首孤立，渾然不覺我們逐漸移近，待發覺我們的足音，才像馬兒受驚蹬蹄般，跳躍奔入左方森林，消失了蹤影。狩獵眼力不佳的馬奇利，略遲疑，趕緊卸下行李，隨後猛追，徒留我和眞瀨垣氏兩人，愣愣望着此幕情景。無可如何，兩人枯坐草地上，等候馬奇利歸來。

在大自然下，鹿與人的存在同樣微不足道，但爲了苟活，卻互相殘殺，此事誠屬不可思議。驚慌奔逃的牝鹿身影，以及隨後猛追的馬奇利猙獰形狀，久不消失，浮現我的眼前。孤立於雲霧之中的牝鹿，模樣無邪，有如惹人憐愛的清純小詩人。

兩人持續等着，時刻是午後一點三十分。我蜷屈在斗篷裡頭。雲塊緩緩飄過壯大的高山斜面。從這兒，可以望見由八通關延伸至Panaiko的寬廣草嶺，也能夠目睹大水窟山和秀姑巒山的中腹。並且，其間赭色番界路徑，隨着山巒起伏，若隱若現。靜止的時間過久，忽覺嚴寒徹骨，不禁教人懷念緊握於手中虎口處之煙斗所散發的溫暖。

雲層墨暗，小雨飄落。物換星移，氣候終於變了。台灣山岳之旅，至今告一段落。高山之秋，早於此地徘徊，草嶺呈現枯黃顏色。我幻想冬天裡萬物一片雪白的景像，也隱約看見了一叢叢石南花恣意怒放的絢爛色澤。頃刻間，四季的丰采，一一在我腦海流轉。

回想自己涉洋渡海，遠赴此地山坳探訪之熱情種種。雄大的山巒、原始林木、樸素的番人……，風物多彩交織的台灣山岳，今日已經和我緊緊結合了。每年，務必排除萬難，與之親暱接近，思及其間各種因緣動機，令人感慨萬千。

終於，馬奇利回來了。他拖曳着獵槍，神情疲乏頹喪。我暗中爲那隻可愛的牝鹿祝禱祈福。

六、

八通關歷歷在目，但其間有荖濃溪河谷阻隔。雖然可以經山脊到八通關正前方渡過河谷，但既是要回到新高駐在所，走前項路徑應較爲適宜。此一路徑亦疏忽不得，必須小心翼翼。沿椴松林木而下，遍地竹藪，難以行進。其中並發現鹿行小徑，且野獸氣味撲鼻。

穿出竹林後，眼前是千尺高的斷崖。我們在崖邊左尋右探，希望能找出合適的下行路徑。最後，不得已以攀抓石南等灌木的方式降行。而崖底深處，溪流聲響潑辣。此河之溪身雖窄，但其沖積之河谷卻時有寬闊平緩之處。待抵達谿底，內心頓感踏實——終於要回到新高駐在所了。今年，充滿原始氣味的玉山之行，至此終於結束了。此刻，反而依依不捨。仰望四周山稜，雲層湧動，並遙見遠山面龐急雨傾瀉。我們踏着溪石，渡至對岸，再攀爬矗立此地之傾斜草嶺。這時，雨勢蔓延而至，雨粒斗大，甚是激烈。待到達八通關與新高駐在所之間的警備道路時，我們三人模樣眞像落水再起的「鼠輩」。寒冷抖擻，其中亦有快意。氣候本來就難以憑靠，我們卻能順利完成旅程——感謝玉山山神。

七、

安抵新高駐在所，逐次點收行李。今日，攀爬過玉山各峯之後，接下去即要完成業已計畫妥當之東郡大山東巒大山縱走。假使明日天氣放晴，可以急行至郡大社。我的心情霎時低沉起來，面對陌生的嶺岳，將令人更感激懷念玉山各山峯。我對自己多愛多恨的性情，亦感到悲憫。思及即將離開住慣的新高駐在所，不禁對脚步飛快的歲月心生怨懟。

翌日，天氣丕變，是個瑰麗的艷陽日。露珠如寶玉般閃爍，然而，一雨知秋，青空似乎不像昔日那般湛藍，覩之令人傷感。

告別新高駐在所，背離八通關，走觀高林中道路下行。思及玉山之旅，有如咀嚼消逝的旋律般，回味無窮。我就像樂師，將山旅情事，巨細靡遺，費心俯拾編排，將之譜奏成一段輕快動人的樂章。

國立中央圖書館出版品預行編目資料

探險家在臺灣／宋文薰等作.--第一版.--臺北市：自立晚報出版:吳氏總經銷, 1988〔民77〕
面;　公分.--(臺灣本土系列.二;11)
ISBN 957-596-250-8(平裝)

1. 自然史 -臺灣

300.8232　　82003777

臺灣本土系列二之⑪

探險家在臺灣

策　　劃：劉克襄
作　　者：宋文薰等
董 事 長：吳和田
發 行 人：吳豊山
社　　長：陳榮傑
總 編 輯：魏淑貞
封面設計：曾堯生
校　　對：陳明珍
行政編輯：吳俊民
行　　銷：季沅菲　弭適中　彭明勳　許育英
　　　　　林徵瑜　王芳女　許碧眞
出　　版：自立晚報社文化出版部
　　　　　台北市濟南路二段十五號
　　　　　電　話：(02)3519621轉圖書門市
　　　　　郵　撥：0003180-1號自立晚報社帳戶
　　　　　登記證：局版台業字第四一五八號
總 經 銷：吳氏圖書有限公司
　　　　　台北市和平西路一段一五○號三樓之一　電話：(02)3034150
法律顧問：蕭雄淋
印　　刷：松霖彩印有限公司
排　　版：自立報系電腦檢排室

定　　價：一五○元
第一版一刷：一九八八年九月
第二版一刷：一九九三年六月

ISBN 957-596-250-8(平裝)